# Das Tor zur höheren Mathematik

# Das Tor höheren

# zur Mathematik
## Dr. Gert Höfner

Verlag Harri Deutsch

**CIP-Kurztitelaufnahme der Deutschen Bibliothek**

**Höfner, Gert:**
Das Tor zur höheren Mathematik / Gert Höfner. –
1. Aufl. – Thun; Frankfurt am Main: Deutsch,
1987.
  ISBN 3-87144-986-5

ISBN 3 87144 986 5

1. Auflage 1987
Alle Rechte vorbehalten
© Urania-Verlag Leipzig/Jena/Berlin
Lizenzausgabe für den
Verlag Harri Deutsch, Frankfurt am Main, Thun
Printed in the German Democratic Republic

# Inhalt

1. **Hier steht sonst die Einführung** 7
1.1. Achilles läuft einer Schildkröte hinterdrein 7
1.2. Herr Zeno und die Lösung der Weg-Zeit-Gleichung 9
1.3. Kämen da nicht Leibniz oder Newton des Weges, so liefe der göttliche Achilles immer noch der Schildkröte hinterher 14

2. **Einige notwendige Vorarbeiten** 18
2.1. Wie dicht an die Grenze, um den Grenzwert zu erblicken? 18
2.2. Grenzwerte von Zahlenfolgen 21
2.3. Zahlenfolgen konvergieren oder divergieren – was aber tun Funktionen? 33
2.4. Stetig oder unstetig ist die Frage! 40

3. **Das Problem der Geschwindigkeit – einmal nicht bei der Radarkontrolle** 45
3.1. Einem berühmten Physiker fällt ein Apfel auf den Kopf, weswegen er in eine Geschwindigkeitskontrolle Ihrer Königlichen Polizei reitet 45
3.2. Wie heute auch – Diskussion zum Strafmandat und Sieg der Grenzwerte 47
3.3. Endlich einmal – Momentangeschwindigkeit 52

4. **Das Problem der Tangente** 55
4.1. Herr Leibniz verzweifelt, weil Dreiecksseiten total verkümmern 55
4.2. Mutig experimentiert, spekuliert und schließlich doch bewiesen 65
4.3. Auch das Tangentenproblem wird gelöst 73

**5. Infinitesimalrechnung ist mehr als differenzieren und integrieren** 80

5.1. An Extremwertstellen ist der Anstieg Null  80
5.2. Das Hühnerhofproblem  88
5.3. Erste Ableitungsregeln  93
5.4. Das Differential einer Funktion  97
5.5. Fehlerrechnung, aber ohne Fehler zu machen  102
5.6. Eine Kettenregel  107
5.7. Extremwerte, nicht so einfach, aber nützlich  112
5.8. Flächen – beliebig begrenzt und ihr Flächeninhalt  130
5.9. Grenzwert einer Summe von Produkten – theoretisch leicht lösbar  141
5.10. Weitere Anwendungen für bestimmte Integrale  153
5.11. Integrationsregeln mangelhaft, doch trotzdem schnell und sicher integriert  168
5.12. Wer will für Quotienten von Differenzen die Verantwortung übernehmen?  180
5.13. Über die wunderbare Ergänzung von reiner und angewandter Mathematik  181
5.14. Es geht auch graphisch  183

**6. Wer hat die Differentialrechnung erfunden?** 189

**7. Literatur zum genaueren und weiterführenden Studium** 195

# Hier steht sonst die Einführung

**1.1. Achilles läuft einer Schildkröte hinterdrein**

Die Herkunft des griechischen Helden Achilles war nur mütterlicherseits göttlich. Der Vater hieß Peleus. Er war König von Thessalien, was ihn und seine Nachkommen jedoch sterblich bleiben ließ. Die Mutter von Achilles, die Meeresgöttin Thetis, verfügte zwar über die besten Beziehungen selbst zum obersten Gott Zeus, konnte jedoch diesen Geburtsmakel ihres Sohnes Achilles nicht beseitigen. Er war nach den Gesetzen der klassischen griechischen Mythologie sterblich. Doch die Göttin – und warum sollte sie es in dieser Stellung und bei diesen Beziehungen nicht – wollte Moira, das unbarmherzige Schicksal, überlisten. Deswegen salbte sie Achilles mit der Unsterblichkeit verleihenden Götterspeise Ambrosia, deren Herstellung uns auch heute noch nicht bekannt ist. In einem günstigen Augenblick härtete sie den Sohn über dem göttlichen Feuer, stieg sogar in die Hades genannte Unterwelt und tauchte ihn in die Fluten des unterirdischen gefürchteten Flusses Styx.
Doch vergeblich war die Mühe, denn irgendwo mußte die Göttin ihren Liebling ja halten, sonst wäre er sowohl in das Feuer wie auch in den Fluß gefallen. Beide Male war es die Ferse, eben die Achillesferse, die empfindlichste und von nun an lebensgefährliche Stelle des Achilles.

Sein Erzieher, der Kentaur Cheiron, sorgte für eine standesgemäße Ausbildung. Unübertreffliche Kraft und Mut erwarb sich Achilles schon als Kind im Kampf mit Raubtieren. Doch alles das wurde übertroffen durch seine Schnelligkeit. Es war also schwer, die Ferse zu treffen. Erst im Trojanischen Krieg sollte es zum Schmerz seiner Mutter geschehen. Zunächst trotzte Achilles wegen einer erbeuteten Frau, die er vielleicht gerne selbst gehabt hätte, doch dann griff er zum größten Schaden der Trojaner in das Kriegsgeschehen ein. Es hätte wohl kaum der List des Odysseus mit dem hölzernen Pferd bedurft, wenn Achilles noch etwas Zeit geblieben wäre — so groß war seine Wut. Doch er kannte kein Maß, drohte dem Gott Apollo mit dem Speer, der ihn folgerichtig und mit Hilfe des Paris tötete. Paris war ja der »Apfelverteiler« an die drei Göttinnen, hatte sich dafür die schöne Helena gewünscht, die die Frau des Menelaos war, was den Trojanischen Krieg auslöste. Der Kreis schließt sich, denn Eris, die Göttin der Zwietracht, hatte auf der Hochzeit der Göttin Thetis mit dem König Peleus den Apfel in den Saal geworfen, den dann Paris der Göttin Aphrodite überreichte. Wichtig aber ist hier nur — Achilles war schnell, etwa wie die Lichtgeschwindigkeit des Altertums. Er sollte nun mit einer Schildkröte um die Wette laufen! Wäre er nicht von Apollo getötet worden, so lebte er heute noch und müßte vielleicht mit einer Schnecke laufen.

Auch die Schildkröte hatte eine Vergangenheit. Die größte Feierlichkeit im göttlichen Olymp war die Hochzeit der Göttermutter Hera mit dem obersten Gott Zeus. Doch Göttermutter war jene nicht allein. Über solche Dinge schweigt man jedoch besser. Nicht so die Nymphe Chelone, die trotz der dringlichen Einladung des Götterboten Hermes nicht kam. Sie wagte es sogar, die Vielweiberei des Zeus anzuprangern. Da war das Maß voll! Die Nymphe Chelone hatte vergessen, daß es schon damals sehr herzliche Einladungen gab, deren ganze Herzlichkeit der Eingeladene erst dann so recht verspürte, wenn er sie nicht befolgt hatte. Aber mächtig war der »herzliche« Zorn des Zeus, und selbst Göttermutter Hera soll die Stirn in Falten gelegt haben. Erst als ihr wirklich nicht so sehr getreuer Gatte der Nymphe die Sprache nahm und sie anwies, das Haus auf dem Rücken zu tragen, war Heras gute Laune wieder hergestellt und die bekanntlich wahren, aber unpassenden Anklagen vergessen. Die Hochzeit nahm einen erfolgreichen Verlauf, und die Nymphe war, ihr Haus auf dem Rücken tragend, zur Schildkröte geworden. Und nun sollte sie sich im Wettlauf mit Achilles messen!

Achilles, großmütig wie ein Halbgott sein kann, gab der Schildkröte ein Stadion Vorsprung. Dem altgriechischen Längenmaß entsprachen 185 Pa-

riser Urmeter.[1] Augenzeugen berichteten, daß Achilles das der Schildkröte vorgegebene Stadion und ein zweites nicht einmal gelaufen sei, um die Schildkröte einzuholen, wonach er sich dann dem Trojanischen Kriege zugewandt hatte.
Das war die Praxis. Doch dann kam ein Theoretiker des Weges und stellte das Ergebnis in Frage! Wie gerne hätte der göttliche Apollo den Wurf in die Ferse von Achilles zurückgenommen, um den Theoretikern zu zeigen, daß alleine die Praxis gesicherte und brauchbare Ergebnisse liefert! Achilles hätte noch einmal laufen müssen. Doch er konnte nicht, was die Theoretiker aus technischen Gründen als k. o. werten.

## 1.2. Herr Zeno und die Lösung der Weg-Zeit-Gleichung

Der Theoretiker hieß Zeno und stammte aus Elea. Im Jahre 490 vor unserer Zeitrechnung geboren, vom griechischen Philosophen Parmenides an Kindes Statt angenommen, gilt er als der Erfinder der Dialektik. So wird sein Verdienst zumindest von Aristoteles gewürdigt. Doch bei Zeitgenossen galt er auch als der »Erfinder der Sophistischen Zankkunst«. Mit dieser Methode soll er allen Mitmenschen ständig widersprochen haben, was sie so verwirrte, daß sie aufgaben, unabhängig davon, welche Behauptung sie verteidigen wollten. Zeno soll ein unangenehmer Umgang gewesen sein, der jedoch Angriffe gegen die eigene Person schwerlich einstecken konnte. »Wenn ich gegen Schmähungen unempfindlich wäre, so würde ich auch unempfindlich sein, wenn ich gelobt würde« war seine Devise. Und im Austeilen soll er unübertroffen gewesen sein, so daß Hernippus versichert, man habe ihn 430 v. u. Z. in einem Mörser zerstampft. Doch wird in ebenso glaubhaften Quellen behauptet, daß Zeno gegen den Tyrannen Nearchus, andere nennen ihn Diomedon von Elea, rebelliert hat. Die Verschwörung sei jedoch entdeckt worden. Gefangen im Kreise der Mitverschwörer, sollte Zeno die Hauptschuldigen nennen. Den anderen stockte der Atem, als er dem Tyrannen dazu seine Bereitschaft verkündete. Das wollte er aber aus verständlichen Gründen nur in das Ohr des

---

[1] Der Prototyp für das Längenmaß von einem Meter wurde als Platin-Iridium-Stab mit X-förmigem Querschnitt in Sèvres bei Paris aufbewahrt. Der Abstand zweier Marken betrug bei 0 °C
0,999 998 50 m.
Ab 1960 wurde durch die XI. Generalkonferenz der Meterkonvention das Meternormmaß auf die Lichtwellenlänge zurückgeführt. Ein Meter ist das 1 650 763,73-fache der Wellenlänge der Orangelinie des Kryptonisotops 86 im Vakuum.

Tyrannen sagen. Als der sein Ohr nun zu Zeno neigte, biß dieser so fest zu, daß nur starke Stiche gegen Zeno den Tyrannen befreien konnten. Darauf soll er ausgerufen haben, daß nur der Verrat für große Männer furchtbar sei, sich aber Feiglinge, Kinder und Weiber vor Schmerzen fürchten. Sodann habe er sich die eigene Zunge abgebissen und dem Tyrannen in das Gesicht gespien. Die aufgebrachte Menge hätte den Tyrannen alsdann aus Empörung zu Tode gesteinigt. Ohne Ausnahme sind jedoch die Schriften von Zeno für die Nachwelt verlorengegangen. Seine Philosophie wurde von Aristoteles in 12 Thesen zusammengefaßt. Bekannt ist jedoch die theoretische Aufgabe für den Wettlauf zwischen Achilles und der Schildkröte.

Zur Erinnerung noch einmal die Bedingung: Die Schildkröte erhält einen Vorsprung von einem Stadion, beide laufen zur gleichen Zeit los. Der Wettkampf soll dann beendet sein, wenn Achilles die Schildkröte überholt hat. Es wird angenommen, daß Achilles zwölfmal schneller als die Schildkröte läuft. Zeno überlegt wie folgt:

1. Achilles läuft 1 Stadion:

Der Vorsprung der Schildkröte beträgt danach noch $\frac{1}{12}$ Stadion.

2. Achilles läuft $\frac{1}{12}$ Stadion:

Der Vorsprung der Schildkröte beträgt danach noch $\frac{\frac{1}{12}}{12} = \frac{1}{144}$ Stadion.

3. Achilles läuft $\frac{1}{144}$ Stadion:

Der Vorsprung der Schildkröte beträgt danach noch $\frac{\frac{1}{144}}{12}$ Stadion.

So geht das immer weiter!

Zwei Dinge werden dabei jedoch klar:

1. Der Vorsprung der Schildkröte verringert sich pro Etappe auf $\frac{1}{12}$.

2. Wieviele Etappen man in Rechnung stellen mag, immer bleibt der Schildkröte ein Vorsprung, wenngleich er sich auch noch so sehr verringert.

Achilles läuft also die folgende Wegstrecke:

$$s_A = \left(1 + \frac{1}{12} + \left(\frac{1}{12}\right)^2 + \left(\frac{1}{12}\right)^3 + \left(\frac{1}{12}\right)^4 + \ldots\right) \text{Stadien.}$$

Wer will unendlich viele Summanden addieren?
Einem Menschen, der nicht unsterblich ist, verbliebe dazu nur eine endliche Zeit. Auch für einen griechischen Gott wäre das immer noch eine Lebensaufgabe. Hier sind die Grenzen der Elementarmathematik erkennbar, die im Altertum von Menschen nicht überschritten werden konnten. Natürlich ist sicher, daß Achilles die Schildkröte mindestens nach Zurücklegen von 2 Stadien überholt hat. Doch wo tat er es genau?
Zeno hat uns so verwirrt, daß die Lösung des Problems bestimmt nicht mit herkömmlichen Mitteln gelingt. Dazu bedarf es schwerer Geschütze. Doch zunächst erst einmal klassisch:
Beim Einholen sind Achilles (A) und die Schildkröte (S) die gleiche Zeit gelaufen:

$t_A = t_S$.

Eine gleichförmige Bewegung[2] von Achilles und der Schildkröte vorausgesetzt, ist die Geschwindigkeit der Quotient aus Weg und Zeit:

$$\text{Geschwindigkeit} = \frac{\text{Weg}}{\text{Zeit}}.$$

Daraus folgt für die Zeit:

$$t = \frac{s}{v}.$$

Da $t_A = t_S$ ist, gilt:

$$\frac{s_A}{v_A} = \frac{s_S}{v_S}.$$

Für $v_S$ wird die Tatsache berücksichtigt, daß sie nur $\frac{1}{12}$ des Wertes von $v_A$ beträgt:

$$v_S = \frac{1}{12} v_A$$

$$\frac{s_A}{v_A} = \frac{s_S}{\frac{1}{12} v_A}$$

---

[2] Gleichförmig ist eine Bewegung dann, wenn in gleichen Zeitabständen stets die gleiche Wegstrecke zurückgelegt wird.

Somit bleibt das Resultat unabhängig von der Geschwindigkeit des Achilles. Es geht nur das angenommene Verhältnis zwischen den beiden Geschwindigkeiten der Wettläufer in die Rechnung ein.

$$s_A = 12\, s_S$$

Das Ergebnis ist eindeutig. Der Weg des Achilles hat den zwölffachen Wert des Weges der Schildkröte.
Unter Berücksichtigung, daß der Schildkröte ein Vorsprung eingeräumt wurde, der den Wert von einem Stadion hat, besteht zwischen den Laufwegen die Gleichung

$$s_S + 1 = s_A \quad \text{oder} \quad s_S = s_A - 1.$$

Eingesetzt in das Ergebnis, ergibt sich der Laufweg des Achilles absolut zu

$$s_A = 12\,(s_A - 1)$$

$$s_A = 12\, s_A - 12$$

$$11\, s_A = 12$$

$$s_A = \frac{12}{11} \text{ Stadien.}$$

Achilles muß also $\frac{12}{11}$ Stadien laufen, um die Schildkröte einzuholen. Das sind $1,\overline{09}$ Stadien. In der Periode $\overline{09}$ nach dem Komma und der Möglichkeit ihrer unendlichen Fortsetzbarkeit

1,090 909 090 909 09...

deutet sich das Problem an, mit dem Zeno Verwirrung stiftete.
Obwohl die Weg-Zeit-Gleichung eine eindeutige numerische Lösung für die angenommene Bewegung hat, sind Zenos Überlegungen so nicht zu entkräften.

## 1.3. Kämen da nicht Leibniz oder Newton des Weges, so liefe der göttliche Achilles immer noch der Schildkröte hinterher

Die Betrachtungsweise des zänkischen Zeno von Elea weist auf ein grundsätzliches Problem der antiken Mathematik hin, deren Stand die Mathematik des 17. Jahrhunderts im europäischen Raum nicht wesentlich überschritten hatte. Die Mathematik der Antike war dem Wesen nach statisch, denn sie beschränkte sich auf die Betrachtung konstanter, unveränderlicher Größen. Der Treffpunkt von Achilles mit der Schildkröte im Wettlauf ist eine solche feststehende, also statische Größe. Zeno betrachtet den Abstand und seine Verringerung, die zwischen den beiden Läufern besteht. Der ändert sich jedoch ständig, also dynamisch. Das ist mit den bislang praktizierten Methoden nicht mehr zu erfassen. Es ist das Verdienst von Leibniz und Newton, solche Verfahren, Variable und ihre Gesetzmäßigkeiten, in die Mathematik eingeführt zu haben. Sie erreichten damit die wissenschaftliche Revolution in der Mathematik, die in der zweiten Hälfte des 17. Jahrhunderts und in der ersten des 18. Jahrhunderts erfolgte. Damit lösten sie endgültig eines der schwierigsten Probleme, das seit der Antike einer grundsätzlichen Lösung harrte. Die Probleme wurden jedoch schon damals sehr richtig erkannt.

Unter Ausklammerung von Quarzuhren mit Digitalanzeige hat ein Zeitgenosse von uns die Paradoxie des Zeno von Achilles und der Schildkröte abgewandelt und seinem Chef folgendes erklärt:

Genau 5 Uhr sei er aufgewacht und habe beschlossen, dann aufzustehen, wenn der große und der kleine Zeiger der Uhr eine Linie bilden, der große den kleinen also genau eingeholt hat.

Der große Zeiger bewegt sich (welche Ähnlichkeit mit dem Beispiel von Zeno!) mit der zwölffachen Geschwindigkeit des kleinen Zeigers.[3] Bis zur 5 (Stellung des kleinen Zeigers) benötigt der große Zeiger 25 Minuten. Inzwischen legt der kleine Zeiger $\frac{25}{12}$ Skalenteile (Minuten) zurück.

Für die neue Stellung des kleinen Zeigers benötigt der große Zeiger $\frac{25}{12}$ Minuten. Inzwischen legt der kleine Zeiger jedoch erneut $\frac{\frac{25}{12}}{12}$ oder

---

[3] Die Zahl Zwölf ist die Grundlage eines inzwischen ungebräuchlichen Zählsystems.
1 Dutzend = 12
1 Gros = 12 Dutzend = 144
Auch die Zahl 60 hat nicht nur bei der Winkel- und Zeitmessung heute noch eine große Bedeutung. Sie war die Grundlage des Sexagesimalsystems (Positionssystem mit der Basis 60), das schon die Babylonier verwendeten. Durch das Fehlen der Null, die erst von den Indern um 800 u. Z. eingeführt wurde, war die Verwendung dieses Systems jedoch eingeschränkt möglich. Ein altes deutsches Zählmaß ist
1 Schock = 60.

$\dfrac{25}{144} = \dfrac{25}{(12)^2}$ Skalenteile (Minuten) zurück.

Um $\left(25 + \dfrac{25}{12} + \dfrac{25}{(12)^2} + \dfrac{25}{(12)^3} + \cdots\right)$ Minuten zu addieren, hätte die Zeit nicht gereicht. Außerdem steht auf solche Weise fest, daß der große den kleinen Zeiger niemals einholen kann. Ob der Chef sich mit dieser Entschuldigung zufrieden gibt? Probieren Sie es bei Ihrem eigenen einmal aus!

Die Lösung dieser Gleichung, die zu der gleichförmigen Bewegung gehört, ergibt jedoch ein eindeutiges Ergebnis:

$$v = \dfrac{s}{t} \quad \text{ergibt wieder} \quad t = \dfrac{s}{v}.$$

Abkürzungen:

$s_{gr}$: Weg des großen Zeigers
$s_{kl}$: Weg des kleinen Zeigers
$v_{gr}$: Geschwindigkeit des großen Zeigers
$v_{kl}$: Geschwindigkeit des kleinen Zeigers
$t_{gr}$: Zeit des großen Zeigers von der vollen Stunde bis zum Treffpunkt
$t_{kl}$: Zeit des kleinen Zeigers von der vollen Stunde bis zum Treffpunkt mit dem großen Zeiger

Da die Zeit für beide Zeiger bis zum Treffpunkt gleich ist, gilt:

$t_{gr} = t_{kl}$

$\dfrac{s_{gr}}{v_{gr}} = \dfrac{s_{kl}}{v_{kl}} \quad \text{mit} \quad v_{gr} = 12\, v_{kl}$

$\dfrac{s_{gr}}{12\, v_{kl}} = \dfrac{s_{gr} - 25}{v_{kl}} \quad\quad s_{kl} = s_{gr} - 25 \text{ Minuten}$

$s_{gr} = 12\,(s_{gr} - 25)$

$11\, s_{gr} = 300$

$s_{gr} = \dfrac{300}{11} = 27{,}\overline{27}$

Mit Sicherheit hat der große Zeiger bei diesen Bedingungen nach 28 Minuten den kleinen überholt. Doch wann ist der Gleichstand, die Bedingung des Schläfers für das Aufstehen, erreicht?

Dieses Problem soll hier auch gelöst werden, indem wir gut 300 Jahre zurückgehen und uns mit Newton und Leibniz an die Probleme heranwagen, ihre geistigen Anstrengungen miterleben, würdigen und einige weitere Anwendungen der Infinitesimalrechnung erschließen wollen. Dabei wird die Schwelle überschritten, die zwischen Elementarmathematik und der sogenannten höheren Mathematik liegt. Doch keine Angst, denn es wird nicht so schwer, wenngleich uns die neuen Methoden auch unvergleichlich schärfere Mittel liefern, um Probleme der Praxis in ihrer ganzen Dynamik lösen zu können. Halten wir es mit Friedrich Schiller, der Gordon in Wallensteins Tod (4. Auftritt, 8. Szene) ausrufen läßt: »O einen Felsen streb ich zu bewegen!«

# 2. Einige notwendige Vorarbeiten

## 2.1. Wie dicht an die Grenze, um den Grenzwert zu erblicken?

Kehren wir zu Achilles und seinem Problem mit der Schildkröte zurück.

Der 1. Abstand beträgt  1 Stadion.

Der 2. Abstand beträgt  $\dfrac{1}{12}$ Stadion.

Der 3. Abstand beträgt  $\dfrac{\frac{1}{12}}{12} = \dfrac{1}{12^2}$ Stadion.

Der 4. Abstand beträgt  $\dfrac{\frac{1}{12^2}}{12} = \dfrac{1}{12^3}$ Stadion.

Es wird langweilig, weswegen für den n-ten Abstand gesagt sein soll (n ist hierbei eine natürliche Zahl: $N = \{1, 2, 3, \ldots\}$):

$$x_n = \frac{1}{12^{n-1}}.$$

Unter Berücksichtigung der Festlegung, daß jede Zahl (ungleich Null) hoch Null gleich Eins ist, ergeben sich folgende Abstände, die nacheinander geordnet und durch Komma getrennt werden:

$$1,\ \frac{1}{12},\ \frac{1}{(12)^2},\ \frac{1}{(12)^3},\ \ldots,\ \frac{1}{(12)^{n-1}},\ \ldots$$

Ein »letzter« Abstand zwischen Achilles und der Schildkröte kann bei Zenos Betrachtungsweise nicht angegeben werden, weswegen die Folge der Abstände mit drei Punkten abgeschlossen wurde, die »und so weiter und so fort« gelesen werden.

Es ist allerdings praktisch schwer vorstellbar, wie der schnelle Achilles den 5. Abstand noch einhalten will:

$$\frac{1}{12^5} = \frac{1}{248\,832} \approx 4 \cdot 10^{-6}.$$

Die $4 \cdot 10^{-6}$ Stadien sind 0,74 Millimeter.

Wie schwer wird die Einhaltung des berechneten Abstandes bei den nachfolgenden Aufholversuchen werden! Es kommen ja immerhin noch unendlich viele.

Hier interessiert der Treffpunkt von Achilles mit der Schildkröte. Das ist aber der Abstand Null! Dieser kann, es sei hier unbestritten, bei der Betrachtungsweise des Zeno nicht erreicht werden. Es ist nur sicher, daß sich die Abstände ganz beliebig klein machen lassen. Was heißt aber nun schon wieder beliebig klein?

$10^{-8}$ Stadien (in der 8. Stelle nach dem Komma steht erst eine Eins!) entsprechen einem Abstand von nur 0,00185 Millimetern. Beim wievielten Überholversuch wird dieser Wert unterschritten?

$$\frac{1}{12^n} < 10^{-8}$$

Umformung der Ungleichung führt zu:

$12^n > 10^8$.

Da $12^7 = 35\,831\,808$ kleiner ist als $10^8$, unterschreitet der 8. Abstand den gegebenen noch nicht.

Doch schon der 9. erfüllt die Bedingung mühelos:

$12^8 = 429\,981\,696 > 10^8$.

Wer kann so schnell überlegen, wie Achilles 0,00185 Millimeter läuft? Wie schnell verkleinern sich die Abstände, wenn die Folge

$$\frac{1}{12^{n-1}}$$

fortgesetzt wird?

Für jeden Abstand zwischen Achilles und der Schildkröte, der theoretisch vorgegeben wird (und mag er noch so klein sein!), wird sich immer ein Glied der Abstandsfolge angeben lassen, so daß der vorgegebene Abstand unterschritten wird. Die Grenze für die Abstände kann so beliebig angenähert, jedoch nie erreicht werden. Die Zahl Null ist der Grenzwert dieser Abstandsfolge zwischen Achilles und der Schildkröte.

Das ist zunächst ganz verständlich und soll vom Prinzip her auch gar nicht kompliziert werden. Im nächsten Punkt soll es nur noch präziser formuliert werden, wie das in der Mathematik üblich ist. Welchen Weg legt nun Achilles zurück? Wir waren uns schon einig, daß die Addition von unendlich vielen Summanden (Abstände),

$$1, \frac{1}{12}, \frac{1}{12^2}, \frac{1}{12^3}, \ldots$$

für uns sterbliche Menschen unmöglich ist. Tun wir trotzdem das, was wir tun können!

Bis zum 1. Standort der Schildkröte beträgt der Weg des Achilles in Stadien:

$$s_1 = 1.$$

Bis zum 2. Standort der Schildkröte beträgt der Weg des Achilles in Stadien:

$$s_2 = 1 + \frac{1}{12} = \frac{13}{12} = 1{,}08\overline{3}.$$

Bis zum 3. Standort der Schildkröte beträgt der Weg des Achilles in Stadien:

$$s_3 = 1 + \frac{1}{12} + \frac{1}{12^2} = \frac{157}{144} = 1{,}0902\overline{7}.$$

Bis zum 4. Standort der Schildkröte beträgt der Weg des Achilles in Stadien:

$$s_4 = 1 + \frac{1}{12} + \frac{1}{12^2} + \frac{1}{12^3} = \frac{1885}{1728} = 1{,}0908565.$$

Bis zum 5. Standort der Schildkröte beträgt der Weg des Achilles in Stadien:

$$s_5 = 1 + \frac{1}{12} + \frac{1}{12^2} + \frac{1}{12^3} + \frac{1}{12^4} = \frac{22621}{20736} = 1{,}0909047.$$

Bis zum 6. Standort der Schildkröte beträgt der Weg des Achilles in Stadien:

$$s_6 = 1 + \frac{1}{12} + \frac{1}{12^2} + \frac{1}{12^3} + \frac{1}{12^4} + \frac{1}{12^5} = \frac{271453}{248832} = 1{,}0909087.$$

Bis zum 7. Standort der Schildkröte beträgt der Weg des Achilles in Stadien:

$$s_7 = 1 + \frac{1}{12} + \frac{1}{12^2} + \frac{1}{12^3} + \frac{1}{12^4} + \frac{1}{12^5} + \frac{1}{12^6} = \frac{3257437}{2985984} = 1{,}\overline{09}.$$

Hier steigt der Taschenrechner aus dem mühsamen Geschäft aus und zeigt mit $1{,}\overline{09}$ genau das Ergebnis an, das mit $\frac{12}{11}$ Stadien exakt aus der Weg-Zeit-Gleichung ermittelt wurde. Praktisch ist damit alles klar, doch Zeno mit seinem Widerspruchsgeist wäre bestimmt nicht einmal vor einem Taschenrechner verstummt,

$$\frac{3257437}{2985984} \neq \frac{12}{11},$$

weil $3257437 \cdot 11 \neq 2985984 \cdot 12$

$35831807 \neq 35831808.$

Würde also ein noch genaueres Rechenhilfsmittel verwendet, wobei die Grenze des Taschenrechners schon bei der 7. Summe erreicht wurde, so wäre es auch nur eine Frage der Zeit, bis wir an die Grenze des neuen Hilfsmittels kämen. Da die Folge der Abstände jedoch nicht endet, ist unseren Bemühungen keine Grenze gesetzt.

Alle diese Überlegungen haben uns zu Begriffen geführt, die die Grundlage der höheren Mathematik bilden. Von der Sache her ist alles klar. An den Formulierungen bleibt vieles zu wünschen übrig. Tun wir das im nächsten Abschnitt.

## 2.2. Grenzwerte von Zahlenfolgen

Lassen wir die einzelnen Begriffe des vorangegangenen Abschnitts noch einmal Revue passieren. Zunächst wurde der Begriff der Folge oder Zahlenfolge genannt (Folge von Abständen).

Eine Zahlenfolge ist eine gesetzmäßige Zuordnung von natürlichen Zahlen (Gliednummern) zu reellen Zahlen (Glieder der Zahlenfolge)[4]. Die Folge der positiven ganzen geraden Zahlen lautet:

1. 2. 3. 4. 5. ... (Gliednummer)
2, 4, 6, 8, 10, ... (Glied der Zahlenfolge).

Die Glieder der Zahlenfolge werden durch Komma oder besser durch Semikolon getrennt. Die Pünktchen nach dem 5. Glied sollen andeuten, daß die Folge unbegrenzt fortgesetzt werden kann. Doch in diesen Pünktchen, die immer dann geschrieben werden müssen, wenn die Folge unendlich viele Glieder besitzt, liegt das Problem, oder, wie der Mathematiker sagt, hier liegen die infinitären[5] Eigenschaften der Zahlenfolge.

Die Pünktchen dürfen nur dann geschrieben werden, wenn die eindeutige Fortsetzung der Folge für jeden Betrachter beliebig weit möglich ist. Das 6. Glied der Folge der geraden Zahlen wäre die Zahl 12.

Das ist jedoch nicht in jedem Fall so einfach anzugeben.

Eine Folge kann auf zwei unterschiedliche Arten eindeutig dargestellt werden:

1. durch Angabe eines allgemeinen Gliedes $x_n$ (für beliebige Gliednummern n).

Folge der geraden Zahlen: $x_n = 2n$.

Folge der Abstände zwischen Achilles und der Schildkröte: $x_n = \dfrac{1}{12^{n-1}}$.

Jedes Glied kann bei der so dargestellten Zahlenfolge unabhängig von anderen Gliedern berechnet werden.

104. ganze Zahl: $x_{104} = 208$

10. Abstand: $x_{10} = \dfrac{1}{12^9}$

Das ist die explizite Darstellung der Zahlenfolge.

2. Eine weitere Darstellungsart ist die rekursive[6] Form. Hier wird die Vorschrift so gegeben, daß aus vorangegangenen Gliedern oder dem vorangegangenen Glied das nachfolgende berechnet wird. Das Ganze kommt erst in Gang, wenn das erste oder die ersten Glieder der Folge bekannt sind.

---

[4] Zahlenfolgen lassen sich als spezielle Funktionen definieren, deren Definitionsbereich eine echte oder unechte Teilmenge der natürlichen Zahlen N ist.
[5] infinitus – unendlich, aber auch unbestimmt (lat.)
[6] recursus – Rücklauf (lat.)

Die Folge der geraden Zahlen entsteht, indem zum vorangegangenen Glied die Zahl 2 addiert wird:

$x_n = x_{n-1} + 2$.

Wichtig ist die Vorgabe, daß $x_1 = 2$ ist, denn mit $x_1 = 1$ würde sofort die Folge der ungeraden positiven Zahlen entstehen.

Die Folge der Abstände entsteht, indem das vorangegangene Glied mit dem Faktor $\frac{1}{12}$ multipliziert wird:

$x_1 = 1$ und $x_n = x_{n-1} \cdot \frac{1}{12}$.

Mit dieser Eigenschaft kommt der Folge der Abstände zwischen Achilles und der Schildkröte eine besondere Bedeutung zu.

Kann jedes Glied einer Zahlenfolge durch Multiplikation mit einem konstanten Faktor aus dem vorhergehenden Glied erhalten werden, so wird die Zahlenfolge als geometrische Zahlenfolge bezeichnet. Oder anders formuliert:

Bei einer geometrischen Zahlenfolge ist der Quotient zwischen zwei beliebigen benachbarten Gliedern konstant.

Der konstante Quotient wird mit dem Buchstaben q bezeichnet. In Formeln ausgedrückt, bedeutet das für alle Gliednummern n:

$\frac{x_n}{x_{n-1}} = q$.

Bei der Folge der Abstände im Wettlauf ist $q = \frac{1}{12}$.

Die Formel zur Berechnung eines beliebigen Gliedes der geometrischen Zahlenfolge aus dem ersten Glied heißt:

$x_n = x_1 q^{n-1}$.

Wird, wie in unserem Wettlaufbeispiel feststeht, für $x_1 = 1$ und für $q = \frac{1}{12}$ gesetzt, so ergibt sich das allgemeine Glied.

Die n-te Partialsummenfolge[7] entsteht, wenn die ersten n-Glieder einer Folge addiert werden. Somit ergibt sich bei fortdauernder Addition der Glieder eine Folge von Partialsummen, deren n-tes Glied

$s_n = x_1 + x_2 + x_3 + \cdots + x_n$ ist.

---

7 pars – Teil (lat.)

Den Weg, den Achilles zurücklegt, um den jeweils vorletzten Standort der Schildkröte zu erreichen, berechnen wir als Glieder der Partialsummenfolge:

$s_1 = 1$

$s_2 = 1 + \dfrac{1}{12}$

$\vdots$

$s_n = 1 + \dfrac{1}{12} + \dfrac{1}{12^2} + \cdots + \dfrac{1}{12^{n-1}}.$

Bei einer geometrischen Zahlenfolge berechnet sich $s_n$ durch:

$s_n = x_1 \dfrac{1 - q^n}{1 - q} \qquad \text{mit } q \neq 1.$

Dieses nachzuweisen ist ganz einfach:

$s_n = x_1 + x_2 + x_3 + \cdots + x_n$

$s_n = x_1 + qx_1 + q^2 x_1 + \cdots + q^{n-1} x_1$ \hfill (1)

$qs_n = \phantom{x_1 +\ } qx_1 + q^2 x_1 + \cdots + q^{n-1} x_1 + q^n x_1.$ \hfill (2)

Um zu der letzten Gleichung zu gelangen, wurde die Summe (n-te Partialsumme) mit q multipliziert, wobei gleiche Potenzen von q nach Möglichkeit untereinander geschrieben wurden.

Zu beachten sind die Regel zur Multiplikation von Potenzen mit gleichen Basen q:

$q^n q^m = q^{n+m}$

und die Beziehung:

$q = q^1.$

Subtrahiert man die Gleichung (1) von Gleichung (2), so fallen auf der rechten Seite n − 1 Summanden weg, was die Arbeit bei der Bildung der n-ten Partialsumme enorm vereinfacht und auf die angegebene Beziehung zurückführt, wenn der Quotient mit −1 erweitert wird:

$qs_n - s_n = q^n x_1 - x_1$

$s_n (q - 1) = x_1 (q^n - 1)$

$s_n = x_1 \dfrac{q^n - 1}{q - 1}.$

In die Formel eingesetzt, ergibt sich für den n-ten Einholversuch von Achilles ein Weg von

$$s_n = 1 \cdot \frac{1 - \frac{1}{12^n}}{1 - \frac{1}{12}} = \frac{1 - \frac{1}{12^n}}{\frac{11}{12}} = \frac{\frac{12^n - 1}{12^n}}{\frac{11}{12}} = \frac{12(12^n - 1)}{12^n \cdot 11}$$

$$s_n = \frac{12^n - 1}{12^{n-1} \cdot 11}.$$

Im Zähler steht eine Summe, aus der nicht gekürzt werden darf! Beispielsweise ist mit n = 5 (der 5. Versuch des Achilles):

$$s_5 = \frac{12^5 - 1}{12^4 \cdot 11} = \frac{248\,831}{20\,736 \cdot 11} = \frac{22\,621}{20\,736}.$$

Doch vom Problem her ist ja nicht $s_n$ gefragt, denn sonst kämen wir auf die Angelegenheiten des Herrn Zeno von Elea zurück! Wir sind auf der Suche nach keinem endlichen Glied, wenn der Abstand gleich Null werden soll.

Mit einem endlichen Glied der Partialsummenfolge können wir Achilles nie zur Schildkröte bringen, und er wird immer nur den vorhergehenden Standort des Tieres erreichen. Dazu nun aber der Begriff des Grenzwertes!

Schon zuvor wurde der Abstand Null als Grenzwert der Folge der Abstände bezeichnet, der zwar nie erreicht wird, dem sich die Glieder der Zahlenfolge jedoch beliebig nähern. Bleibt zu sagen, was die Mathematik unter beliebig versteht.

Wenn zu jedem (in der Idee natürlich sehr kleinen) angenommenen Abstand von einer festen Zahl eine Gliednummer der Zahlenfolge angegeben werden kann, ab der dieses und alle folgenden (noch unendlich viele) Glieder diesen Abstand unterschreiten, so ist diese Zahl der Grenzwert der Zahlenfolge.

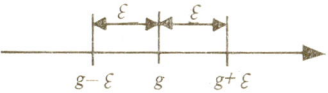

Der in der Idee sehr kleine Abstand vom Grenzwert der Zahlenfolge wird durch den griechischen Buchstaben ε (Epsilon) bezeichnet.

Wenn ε also eine positive (ein Abstand ist immer positiv) reelle Zahl ist, so kann damit um den Grenzwert g eine ε-Umgebung durch g − ε (untere Begrenzung) und g + ε (obere Begrenzung) auf der Zahlengeraden festgelegt werden.

Eine Zahlenfolge hat demzufolge genau dann den Grenzwert g, wenn sich in jeder beliebigen, noch so kleinen ε-Umgebung fast alle Glieder der Zahlenfolge befinden.

Fast alle bedeutet, daß sich nur endlich viele Glieder, so viele es in Abhängigkeit von dem gewählten ε auch immer sein mögen, außerhalb der ε-Umgebung befinden. Kowalewski schreibt in seinem Lehrbuch zur »Einführung in die klassischen Probleme der Analysis ...«, daß sich bei jeder Probe mit einem kleinen Wert von ε nur eine endliche Zahl von »Abtrünnigen« (Gliedern der Zahlenfolge) außerhalb der ε-Umgebung befinden dürfe.

»Sobald sich bei irgendeiner ε-Probe unendlich viele Abtrünnige zeigen, werden wir nicht sagen«, daß der Grenzwert der Zahlenfolge richtig bestimmt wurde.

Beispiel:

Die Zahlenfolge $\left\{1, \frac{1}{2}, \frac{1}{3}, \ldots, \frac{1}{n}, \ldots\right\} = \left\{\frac{1}{n}\right\}$ für $n \, \varepsilon \, N \setminus \{0\}$

hat den Grenzwert Null.

1. Bei einem vorgegebenen Abstand von $\varepsilon = \frac{1}{10}$ liegen alle Glieder der Zahlenfolge, deren Gliednummer n größer ist als 10, in der ε-Umgebung von Null.

$$\left|\frac{1}{n} - g\right| < \frac{1}{10}$$

$$\left|\frac{1}{n} - 0\right| < \frac{1}{10}$$

$$\left|\frac{1}{n}\right| < \frac{1}{10}$$

$$\frac{1}{n} < \frac{1}{10}$$

$$n > 10$$

Es gibt nur 10 »Abtrünnige«, die außerhalb der ε-Umgebung von Null liegen.

2. Bei einem vorgegebenen Abstand von $\varepsilon = 10^{-6}$ liegen alle Glieder der Zahlenfolge, deren Gliednummer 1 000 001 oder größer ist, in der $\varepsilon$-Umgebung von Null.

$$\left|\frac{1}{n} - g\right| < \frac{1}{1\,000\,000}$$

$$\left|\frac{1}{n} - 0\right| < \frac{1}{1\,000\,000}$$

$$\left|\frac{1}{n}\right| < \frac{1}{1\,000\,000}$$

$$\frac{1}{n} < \frac{1}{1\,000\,000}$$

$$n > 1\,000\,000$$

Es gibt »nur« (weil endlich viele) 1 000 000 »Abtrünnige« der Folge, die außerhalb der $\varepsilon$-Umgebung von Null liegen.

3. Beispiele 1 und 2 sind zwar recht verständlich und überzeugend, besitzen jedoch für den Nachweis des Grenzwertes keine Beweiskraft. Die Untersuchungen müssen so angelegt werden, daß der Sachverhalt für alle $\varepsilon$ gültig sein muß.

Dabei ist von einem beliebigen, aber in der Idee immer festen Abstand $\varepsilon$ auszugehen, von dem wir nur wissen, daß $\varepsilon > 0$ ist.

$$\left|\frac{1}{n} - g\right| < \varepsilon, \qquad \text{mit } g = 0 \text{ wird}$$

$$\left|\frac{1}{n} - 0\right| < \varepsilon$$

$$\left|\frac{1}{n}\right| < \varepsilon \qquad n > 0$$

$$\frac{1}{n} < \varepsilon$$

$$n > \frac{1}{\varepsilon}$$

Wenn also die Gliednummer n größer ist als der Kehrwert des vorgegebenen ε, dann liegen alle Glieder von diesem Wert an in der ε-Umgebung des Grenzwertes

$$g = 0.$$

Das war zu zeigen.

Der Abstand nach dem n-ten Einholversuch des Achilles beträgt

$$x_n = \frac{1}{12^{n-1}}.$$

Diese Folge der Abstände hat den Grenzwert Null.

Schon aus der Berechnung einzelner Glieder der Zahlenfolge wird klar, daß sich die Glieder in noch stärkerem Maße der Null nähern als die Folge $\left\{\frac{1}{n}\right\}$, deren Grenzwert gerade ermittelt wurde.

Ein exakter Nachweis ist das übrigens nicht, denn dazu müßte wieder gezeigt werden, daß sich zu jedem festen Abstand ε die Nummer eines Gliedes finden läßt, von dem an alle Glieder mit größerer Nummer innerhalb der ε-Umgebung von g liegen.

Dazu ist die Lösung einer Ungleichung erforderlich, bei der die zu bestimmende Größe im Exponenten einer Potenz steht. Darauf soll verzichtet werden.

Die Schreibweise für diesen Sachverhalt lautet mathematisch kurz:

$$\lim_{n \to \infty} \frac{1}{12^{n-1}} = 0.$$

Gelesen wird das: »Limes[8] von Eins durch Zwölf hoch n minus Eins für n gegen unendlich ist gleich Null!«

Für den Abstand von $10^{-8}$ Stadien unterschreiten alle Glieder ab dem 9ten Glied diesen Abstand. Würde der Abstand noch kleiner gewählt, was zunächst von der Meßtechnik her undurchführbar wäre, so müßte nur die Gliednummer in der Folge der Abstände erhöht werden. In jedem Fall kämen wir mit unendlich vielen Gliedern unter den vorgegebenen Abstand, und nur endlich viele würden den vorgegebenen Abstand überschreiten.

Weitere wichtige Grenzwerte werden hier ohne Beweis angegeben:

1. $\lim\limits_{n \to \infty} \dfrac{1}{n} = 0.$

[8] limes — Grenze (lat.)

Verallgemeinerung:

2. $\lim\limits_{n \to \infty} \dfrac{k}{n^p} = 0 \qquad p > 0$
   k beliebige reelle Zahl.

3. $\lim\limits_{n \to \infty} x_1 \dfrac{1 - q^n}{1 - q} = \dfrac{x_1}{1 - q},$

wenn $|q| < 1$, das heißt, q nimmt Werte zwischen $-1$ und $+1$ an

$$-1 < q < 1.$$

4. $\lim\limits_{n \to \infty} \left(1 + \dfrac{1}{n}\right)^n = e.$

Zahlenfolgen, die einen Grenzwert besitzen, heißen konvergent[9]. Zahlenfolgen, die keinen Grenzwert besitzen, werden divergent[10] genannt.
Die aus der Folge $\{x_n\}$ gebildete Partialsummenfolge

$$\{s_n = x_1 + x_2 + \cdots + x_n\}$$

wird als Reihe bezeichnet und durch

$s_\infty = x_1 + x_2 + \cdots + x_n + \cdots$  abgekürzt.

Wenn die Partialsummenfolge den Grenzwert $s_\infty$ hat, dann ist $s_\infty$ die Summe der Reihe.
$s_\infty$ ist somit das Symbol für den Grenzwert der Reihe.
Der Grenzwert der geometrischen Reihe ist für $|q| < 1$:

$s_\infty = \lim\limits_{n \to \infty} x_1 \dfrac{q^n - 1}{q - 1} = \dfrac{x_1}{1 - q},$ wie unter 3. angegeben wurde.

Mit dem gerade angegebenen Grenzwert kann das Anfangsproblem mit Achilles und der Schildkröte endgültig gelöst werden, denn q ist mit $\dfrac{1}{12}$ kleiner als 1 und größer als $-1$:

$x_1 = 1$ Stadion

(1. Abstand) $s_\infty = \dfrac{x_1}{1 - q} = \dfrac{1}{1 - \dfrac{1}{12}} = \dfrac{1}{\dfrac{11}{12}} = \dfrac{12}{11}$ Stadien.

---

9 converto — irgendwohin richten (zum Grenzwert) (lat.)
10 diverto — weggehen, verschieden sein (von jedem Wert) (lat.)

Dieses Ergebnis ist ein Glück für den Autor, denn er würde mit Recht vom Leser gesteinigt, stimmte es nicht mit der Lösung der Bewegungsgleichung überein.

In der Schule wird gelehrt, daß jeder (gemeine) Bruch $\frac{p}{q}$ mit $q \neq 0$ (rationale Zahl) als Dezimalbruch geschrieben werden kann, dessen Dezimalbruchentwicklung entweder nach endlich vielen Zahlen abbricht $\left(\frac{1}{16} = 0{,}0625\right)$ oder irgendwann periodisch ausgeht $\left(\frac{1}{15} = 0{,}0\overline{6}\right)$.

Die Umwandlung eines periodischen Dezimalbruches in einen gemeinen Bruch ist, als Additionsaufgabe im Elementarunterricht der Mathematik betrachtet, eine schwer zu lösende Aufgabe, die nicht enden wird, denn unendlich viele Summanden sind für uns sterbliche Menschen einfach nicht zu addieren.

$$0{,}\overline{12} = \frac{12}{100} + \frac{12}{10\,000} + \frac{12}{1\,000\,000} + \cdots$$

Hier ist eine geometrische Folge mit $x_1 = \frac{12}{100}$ und $q = \frac{1}{100}$ die Grundlage der Partialsummenfolge.

Da $|q| < 1$ ist, gilt:

$$s_\infty = \frac{x_1}{1-q} = \frac{\frac{12}{100}}{1 - \frac{1}{100}} = \frac{\frac{12}{100}}{\frac{99}{100}} = \frac{12}{99} = \frac{4}{33}.$$

Ein Taschenrechner zeigt uns schnell die Richtigkeit dieser Berechnungen, die sich ganz entsprechend mit allen periodischen Dezimalbrüchen ausführen lassen.

Nun wird auch endlich klar, warum

$1 = 0{,}\overline{9}$  sein muß.

$$x_1 = \frac{9}{10}, \quad q = \frac{1}{10} < 1$$

$$s_\infty = \frac{\frac{9}{10}}{1 - \frac{1}{10}} = \frac{\frac{9}{10}}{\frac{9}{10}} = 1.$$

Erst an dieser Stelle ist auch ein tieferes Eindringen in das Wesen von irrationalen Zahlen möglich. Sie sind das »Gegenteil« rationaler Zahlen. Beide Mengen bilden als Vereinigungsmenge die reellen Zahlen. Irrationale Zahlen sind demzufolge nicht abbrechende und nicht periodisch verlaufende Dezimalbrüche. Sie lassen sich nicht durch gemeine Brüche darstellen – nur annähern.
Typisch ist die irrationale Zahl

$$\pi = 3{,}141\,592\,653\,589\,793\,238\,462\,643\,383\,279\ldots,$$

die in der Antike beispielsweise durch $\dfrac{22}{7}$ näherungsweise ausgedrückt wurde, eine Genauigkeit, die bei groben Abschätzungen in der Flächenberechnung völlig ausreicht.
Im übrigen wurden in jüngster Zeit 1 333 554 Millionen Stellen von $\pi$ berechnet und damit etwas gezeigt, was von vornherein klar war; es stellt sich keine Periode ein, die Arbeit bricht nirgendwann oder nirgendwo ab. Wer rechnet jedoch mit $10^6$ Stellen oder mehr nach dem Komma? Eine solche Genauigkeit ist nicht nur sinnlos, sondern auch lächerlich, denn auch hier gilt das gute Prinzip: Nicht so genau wie möglich, sondern so genau wie notwendig!
Im übrigen kann die Fläche eines Kreises auch durch die Verwendung von noch so vielen Stellen bei $\pi$ nicht vergrößert werden, wenn der Durchmesser oder der Radius ungenau gemessen worden sind!
Die irrationale Zahl e, die Basis der wichtigen natürlichen Logarithmen, wird ebenfalls als Grenzwert einer Zahlenfolge bestimmt und kann auf solche Weise für hinreichend großes n so genau wie notwendig angegeben werden.

$n = 1 \quad \left(1 + \dfrac{1}{1}\right)^1 = 2{,}000 \qquad 2{,}000\,000\,0$

$n = 2 \quad \left(1 + \dfrac{1}{2}\right)^2 = 2{,}250 \qquad 2{,}250\,000\,0$

$n = 3 \quad \left(1 + \dfrac{1}{3}\right)^3 = 2{,}370 \qquad 2{,}370\,370\,2$

$n = 4 \quad \left(1 + \dfrac{1}{4}\right)^4 = 2{,}441 \qquad 2{,}441\,406\,3$

$n = 5 \quad \left(1 + \dfrac{1}{5}\right)^5 = 2{,}488 \qquad 2{,}488\,320\,0$

$n = 6 \quad \left(1 + \dfrac{1}{6}\right)^6 = 2{,}521 \qquad 2{,}5216264$

$$\vdots$$

$n = 10 \quad \left(1 + \dfrac{1}{10}\right)^{10} = 2{,}5937425$ \qquad Es geht zwar langsam, aber sicher auf $e = 2{,}7182818\ldots$ zu.

$$\vdots$$

$n = 100 \quad \left(1 + \dfrac{1}{100}\right)^{100} = 1{,}01^{100} = 2{,}7048138$

$$\vdots$$

$n = 1000 \quad \left(1 + \dfrac{1}{1000}\right)^{1000} = 1{,}001^{1000} = 2{,}7169238$

$$\vdots$$

$n = 10000 \quad \left(1 + \dfrac{1}{10000}\right)^{10\,000} = 1{,}0001^{10\,000} = 2{,}7181459$

$$\vdots$$

$n = 100000 \quad \left(1 + \dfrac{1}{100000}\right)^{100\,000} = 1{,}00001^{100\,000} = 2{,}7182546$

Für den Taschenrechner reicht der 100000. Wert der Folge aus, um eine technisch bedingte Genauigkeitsforderung zu unterschreiten.

$n = 1000000 \quad \left(1 + \dfrac{1}{1000000}\right)^{1\,000\,000} = 2{,}7182818\ldots$

Bereits Jakob Bernoulli (1654–1705) warf das Problem der Zinseszinsrechnung auf, das entsteht, wenn ein Beitrag zum Jahresende verzinst und am nächsten Jahresende mit den Zinsen wieder verzinst wird.
Er kam zum Grenzwert

$$\lim_{n \to \infty} \left(1 + \dfrac{1}{n}\right)^n,$$

wobei die Bezeichnung e von Leonhard Euler (1707–1783) eingeführt wurde.
Konvergente Zahlenfolgen lassen sich unter anderem durch Addition, Subtraktion, Multiplikation und Division verknüpfen. Das wird durch die Grenzwertsätze erfaßt. Die einfachsten werden hier angegeben.

Voraussetzung: $\lim\limits_{n \to \infty} x_n = x$ und $\lim\limits_{n \to \infty} y_n = y$.

1. $\lim\limits_{n \to \infty} (x_n + y_n) = \lim\limits_{n \to \infty} x_n + \lim\limits_{n \to \infty} y_n = x + y$

2. $\lim\limits_{n \to \infty} (x_n - y_n) = \lim\limits_{n \to \infty} x_n - \lim\limits_{n \to \infty} y_n = x - y$

3. $\lim\limits_{n \to \infty} x_n \cdot y_n = \lim\limits_{n \to \infty} x_n \cdot \lim\limits_{n \to \infty} y_n = xy$

4. $\lim\limits_{n \to \infty} \dfrac{x_n}{y_n} = \lim\limits_{n \to \infty} x_n : \lim\limits_{n \to \infty} y_n = \dfrac{x}{y}$, wenn $y \neq 0$

Zum Abschluß noch ein Beispiel zu diesem Sachverhalt:
Ein Ball wird aus 1,5 m Höhe auf den Boden geworfen. Er springt beim ersten Mal 1,35 m, beim zweiten Mal 1,215 m und beim dritten Mal 1,09 m hoch usw. Leicht erkennbar ist aus diesen Angaben – es handelt sich hier um eine geometrische Zahlenfolge mit $q = 0,9$ (Verlust beträgt pro Aufschlag 10%).
1,5 m fällt der Ball, und so geht es weiter:

$\uparrow 1,35 + \downarrow 1,35 + \uparrow 1,35 \cdot 0,9 + \downarrow 1,35 \cdot 0,9 + \uparrow 1,35 \cdot (0,9)^2 + \ldots$

$s_\infty = 1,5 + 2 \dfrac{1,35}{1 - 0,9} = 1,5 + \dfrac{2,70}{0,1} = 28,5 \text{ m}.$

Der Weg des Balls beträgt 28,5 m. Er ergibt sich aus dem Grenzwert der zugehörigen geometrischen Reihe.

## 2.3. Zahlenfolgen konvergieren oder divergieren — was aber tun Funktionen?

Begonnen werden soll mit einigen Beispielen, die zunehmend mehr Probleme, aber auch mehr von dem wichtigen Begriff des Grenzwertes einer Funktion zeigen werden. Dieser muß wieder exakt gefaßt werden, um Mißverständnisse auszuschließen.

1. Die Funktion $y = x^2$ ist die bekannte Normalparabel, die an der beliebig herausgegriffenen Stelle $x = 2$ untersucht werden soll:

$\lim\limits_{x \to 2} y = \lim\limits_{x \to 2} x^2.$

a) Von links kann man an die Stelle gelangen, wenn für x die Folge

$\left\{ x_n = 2 - \dfrac{1}{n} \right\}$

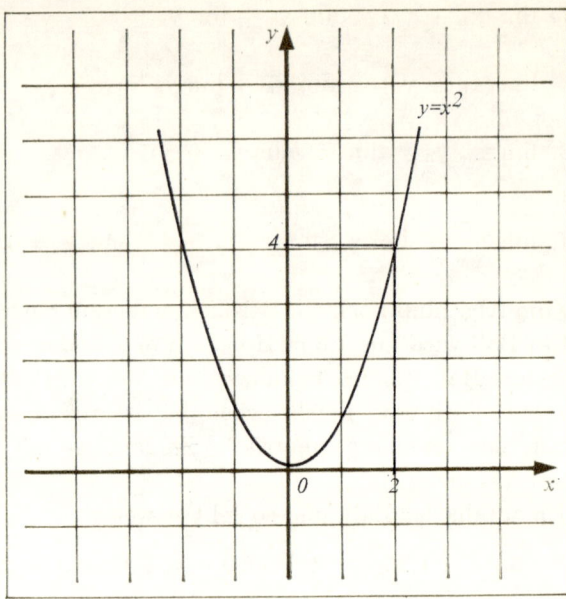

eingesetzt wird, die für n → ∞ gegen 2⁻ strebt[11].

Es ist, wenn die Folge $\{x_n\}$ in die Funktionsgleichung eingesetzt wird,

$$\lim_{x \to 2^-} y = \lim_{x \to 2^-} x^2 = \lim_{n \to \infty} \left(2 - \frac{1}{n}\right)^2 = \lim_{n \to \infty} \left(4 - \frac{4}{n} + \frac{4}{n^2}\right) = 4^-.$$

b) Von rechts kann man an diese Stelle gelangen, wenn für x die Folge

$$\left\{x_n = 2 + \frac{1}{n}\right\}$$

eingesetzt wird, die für n → ∞ gegen 2⁺ strebt[12].

Es ist, wenn die Folge $\{x_n\}$ in die Funktionsgleichung eingesetzt wird:

$$\lim_{x \to 2^+} y = \lim_{x \to 2^+} x^2 = \lim_{n \to \infty} \left(2 + \frac{1}{n}\right)^2 = \lim_{n \to \infty} \left(4 + \frac{4}{n} + \frac{4}{n^2}\right) = 4^+.$$

c) Für jede Zahlenfolge $\{x_n\}$ mit

---

11  Das Minuszeichen im Exponenten hat keine Bedeutung für die Berechnung. Es soll symbolisch darstellen, daß wir von links gegen x = 2 marschieren. Deswegen wird dieser Grenzwert auch linksseitiger genannt.

12  Das Pluszeichen im Exponenten hat keine Bedeutung für die Berechnung. Es soll symbolisch darstellen, daß wir von rechts gegen x = 2 marschieren. Deswegen wird dieser Grenzwert rechtsseitiger genannt.

$$\lim_{n \to \infty} x_n = 2$$

gilt, wird sie in die Funktionsgleichung eingesetzt:

$$\lim_{x \to 2} y = \lim_{x \to 2} x^2 = \lim_{n \to \infty} x_n^2 = \lim_{n \to \infty} x_n \cdot x_n.$$

Nach der Voraussetzung $\lim_{n \to \infty} x_n = 2$ ergibt sich aus dem Grenzwertsatz für die Multiplikation konvergenter Zahlenfolgen, wie im vorigen Abschnitt angegeben wurde,

$$\lim_{n \to \infty} x_n \cdot x_n = \lim_{n \to \infty} x_n \cdot \lim_{n \to \infty} x_n = 2 \cdot 2 = 4.$$

Somit ist:

$$\lim_{x \to 2} y = 4.$$

Wir haben aber auch nichts anderes erwartet, denn die Funktion ist in diesem und für jeden anderen Wert der reellen Zahlen definiert, so daß die Funktionswerte aus der Funktionsgleichung

$$y = x^2$$

ohne Mühe berechnet werden können.

Doch daß die Funktion in dem Punkt definiert ist, in dem der Grenzwert untersucht werden soll, ist nicht immer erforderlich. Das soll ein zweites Beispiel zeigen.

2. Da Division durch Null verboten ist, kann der Funktionswert für die Funktion

$$y = \frac{|x|}{x}$$

an der Stelle $x = 0$ nicht aus der Funktionsgleichung berechnet werden.

a) Die Folge $\left\{ -\dfrac{1}{n} \right\}$ geht für $n \to \infty$ von links gegen die Stelle $x = 0$,

$$\lim_{n \to \infty} \left( -\frac{1}{n} \right) = 0^-.$$

Die zugehörige Funktionswertfolge zeigt das Verhalten:

$$\lim_{n \to \infty} \frac{\left| -\dfrac{1}{n} \right|}{-\dfrac{1}{n}} = \lim_{n \to \infty} \frac{\dfrac{1}{n}}{-\dfrac{1}{n}} = \lim_{n \to \infty} (-1) = -1^-.$$

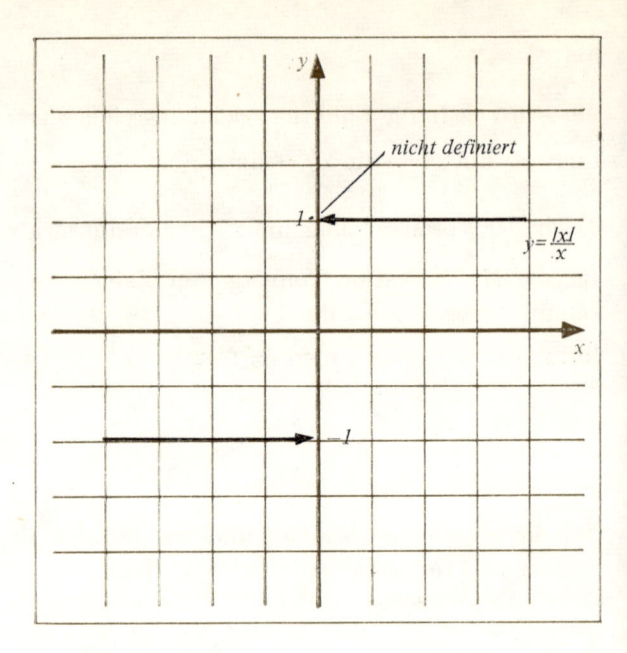

b) Die Folge $\left\{\dfrac{1}{n}\right\}$ geht für n → ∞ von rechts gegen die Stelle x = 0,

$$\lim_{n\to\infty} \frac{1}{n} = 0^+.$$

Die zugehörige Funktionswertfolge hat einen ganz anderen Grenzwert:

$$\lim_{n\to\infty} \frac{\left|\dfrac{1}{n}\right|}{\dfrac{1}{n}} = \lim_{n\to\infty} \frac{\dfrac{1}{n}}{\dfrac{1}{n}} = \lim_{n\to\infty} 1 = 1^+.$$

Beide Funktionswertfolgen haben einen Grenzwert. Sie sind konvergent. Die Grenzwerte stimmen aber nicht überein, sondern sind von dem Weg abhängig, auf dem sich der Stelle genähert wird, in der ein Grenzwert gebildet werden soll.

Wenn die Funktion einen Grenzwert haben soll, so kann dieser doch nicht von dem Wege abhängig sein, auf dem sich der Untersuchende der Stelle nähert! Deswegen sagen wir in dem Fall, in dem der Grenzwert nicht eindeutig festzustellen ist, richtiger, daß die Funktion in diesem Punkt keinen Grenzwert hat.

Die Forderung, daß die Funktion in dem Punkt definiert sein muß, wäre zu stark. Denn dann wäre sofort die Frage berechtigt, was die Berechnung des Grenzwertes eigentlich soll, wenn doch gleich der Funktionswert berechnet werden kann. Wichtig ist, daß die Funktion rechts und links, also in der Umgebung des zu untersuchenden Punktes, definiert ist, denn nur dann können Folgen benannt werden, die sich der Stelle auf beliebigem Wege nähern.

Die exakte Begriffsbildung für den Grenzwert von Funktionen lautet: Eine Funktion hat an einer Stelle einen Grenzwert, wenn die Funktion in der Umgebung des Punktes definiert ist und jede gegen die Stelle konvergierende Folge eine Folge der Funktionswerte ergibt, die diesen Grenzwert hat.

Die dazugehörige Schreibweise lautet, wenn die Funktion mit $y = f(x)$, die Stelle mit a und der Grenzwert mit g bezeichnet werden:

$$\lim_{x \to a} f(x) = g.$$

Im ersten Beispiel ist die Funktion nicht nur in der Umgebung von $x = 2$ definiert, sondern auch in dem Punkt selbst, was gar nicht erforderlich wäre.

Da jede Folge von x-Werten, die sich dem Wert 2 nähert, eine Folge von Funktionswerten ergibt, die gegen 4 konvergiert, ist:

$$\lim_{x \to 2} y = \lim_{x \to 2} x^2 = 4.$$

Im zweiten Beispiel ist die Funktion $y = \dfrac{|x|}{x}$ in der Umgebung von $x = 0$ definiert. Da es jedoch mindestens zwei Folgen von Funktionswerten gibt, deren Grenzwert ungleich ist, wenn die Folge der x-Werte gegen Null konvergiert, existiert der Grenzwert

$$\lim_{x \to 0} \frac{|x|}{x} \quad \text{nicht.}$$

3. Die Funktion

$$y = \frac{x+1}{x}$$

soll an der Stelle $x = 0$ untersucht werden.

Dieses ist möglich, da die Funktion in der Umgebung von $x = 0$ definiert ist.

a) $\{x_n\} = \left\{-\dfrac{1}{n}\right\} \qquad \lim_{n \to \infty} x_n = 0$

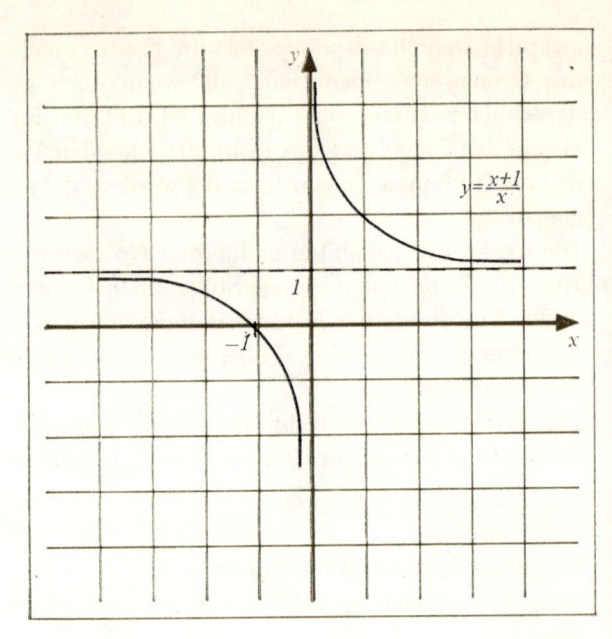

$$\lim_{n\to\infty} \frac{-\frac{1}{n}+1}{-\frac{1}{n}} = \lim_{n\to\infty} \frac{-1+n}{-1} = \lim_{n\to\infty}(1-n) = -\infty$$

Die Folge divergiert, denn die Glieder unterschreiten jede beliebig vorgegebene Grenze.

Damit ist schon gesichert, daß der Grenzwert

$$\lim_{x\to 0} \frac{x+1}{x}$$

nicht existiert.

Deswegen ist auch die folgende Untersuchung für die Bestimmung des Grenzwertes überflüssig, da feststeht, daß er nicht existiert. Hingegen trägt die Berechnung dazu bei, sich ein Bild vom Verlauf der Funktion in der Nähe dieser Stelle machen zu können.

b) $\{x_n\} = \left\{\dfrac{1}{n}\right\}$     $\lim\limits_{n\to\infty} x_n = 0^+$

$$\lim_{n\to\infty} \frac{\frac{1}{n}+1}{\frac{1}{n}} = \lim_{n\to\infty} \frac{1+n}{1} = \lim_{n\to\infty}(1+n) = +\infty$$

Die Folge der Funktionswerte divergiert, denn der Wert der Glieder überschreitet jeden beliebig vorgegebenen Zahlenwert.

4. Die Funktion

$$y = \frac{x^2 - 1}{x - 1},$$

definiert für alle reellen Zahlen ungleich 1, wird natürlich an der Stelle $x = 1$ untersucht, denn eine Berechnung der Funktionswerte ist in dem Punkt nicht, wohl aber in jedem anderen Punkt der Umgebung möglich. Für alle Folgen $\{x_n\}$ mit $x_n \neq 1$ und $\lim\limits_{n \to \infty} x_n = 1$ ist:

$$\lim_{x \to 1} \frac{x^2 - 1}{x - 1} = \lim_{n \to \infty} \frac{(x_n + 1)(x_n - 1)}{x_n - 1} = \lim_{n \to \infty} (x_n + 1) =$$

$$\lim_{n \to \infty} x_n + \lim_{n \to \infty} 1 = 1 + 1 = 2.$$

Also ist

$$\lim_{x \to 1} \frac{x^2 - 1}{x - 1} = 2.$$

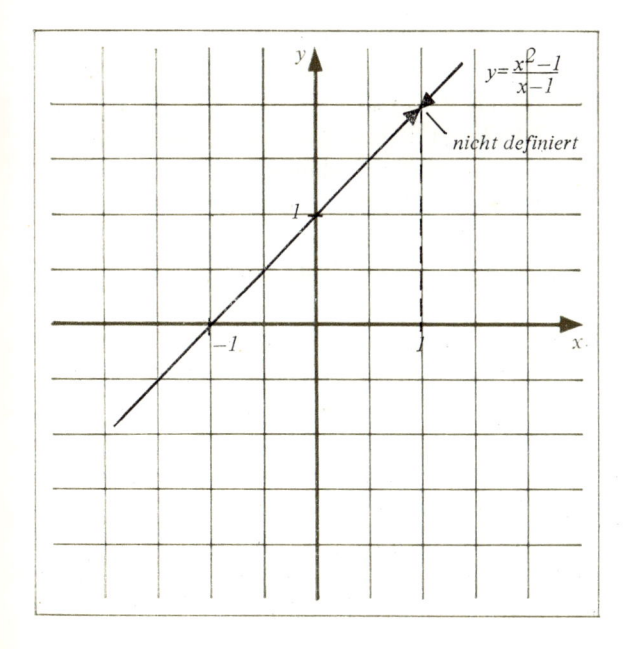

Einige wichtige Grenzwerte von Funktionen sind:

1. $\lim\limits_{x \to \infty} \dfrac{1}{x} = 0$

2. $\lim\limits_{x \to 0} \dfrac{\sin x}{x} = 1$

3. $\lim\limits_{x \to 0} a^x = 1$, wenn $a > 0$.

4. $\lim\limits_{x \to 0} \left(1 + \dfrac{1}{x}\right)^x = e$

5. $\lim\limits_{x \to 0} \dfrac{\tan x}{x} = 1$.

Zu erkennen ist jedoch hier schon, daß durch den Grenzwert von Funktionen die bereits besprochene »Bewegung« erfaßt wird. Das war ja eines von den Zielen, die wir uns gestellt haben.

## 2.4. Stetig oder unstetig ist die Frage!

Beginnen wir ganz von vorn!
Seit Galileo Galilei (1564—1642) versucht man, den wichtigen Begriff der Funktion, einen Grundbegriff der Analysis, zu fassen. Die Analysis ist die Lehre von den Funktionen, ein Teilgebiet der Mathematik. Im Jahre 1749 erklärte Leonhard Euler (1707—1783) eine Funktion als eine veränderliche Größe, die von einer anderen abhängt. Aber auch Isaac Newton (1643—1727) arbeitete mit Funktionselementen, die er Fluenten nannte.
Peter Gustav Lejeune Dirichlet (1805—1859) faßte den Funktionsbegriff noch präziser:
Wenn y derart von x abhängig ist, daß jedem Wert von x ein bestimmter Wert von y entspricht, so nennt man y eine Funktion von x. Sicherlich kennt mancher Leser diese Definitionsvariante aus der Schulzeit.
Doch die Grundbegriffe für die Definition einer Funktion waren in jener Zeit noch nicht vorhanden. Erst Georg Cantor (1845—1918) schuf diese, indem er die Mengenlehre als Disziplin der Mathematik erarbeitete. Die Definition von Dirichlet drückt zwar den dynamischen Charakter einer Funktion sehr gut aus, ist jedoch für manche Anwendungsgebiete nicht allgemein genug und zu wenig abstrakt. Die Definition der Funktion auf

mengentheoretischer Grundlage erfüllt die Forderung nach Allgemeingültigkeit und Abstraktheit in wesentlich besserem Maße:
Eine Funktion ist eine eindeutige Abbildung zweier Mengen, wobei eine Menge von geordneten Paaren (x, y) dadurch entsteht, daß jedem Wert x genau ein Wert y zugeordnet wird.
Die Menge der x-Werte bildet den Definitionsbereich der Funktion. Die Elemente werden als unabhängige Variable bezeichnet.
Nach dieser Definition wäre beispielsweise auch die Zuordnung, die jedem Mitglied einer Seminargruppe eine Prüfungsnote zuordnet, eine Funktion mit den Elementen:

$\{$(Ahlmann, 2); (Bellmann, 5); (Cellmann, 3); ...$\}$.

Ersetzt man die Namen durch die Studentennummer, so entsteht eine spezielle Funktion, die wir als Folge bezeichnet haben.
(Der Definitionsbereich einer Folge ist eine echte oder unechte Teilmenge der natürlichen Zahlen.)
Die geordneten Paare (x, y), die eine Funktion bilden, können auf verschiedene Art und Weise dargestellt werden.
1. Tabellarische Darstellungen finden sich in Wertetabellen, Meßreihen oder Zahlentafeln.
2. Graphische Darstellungen dienen der anschaulichen Information über den gesamten Verlauf der Funktion.

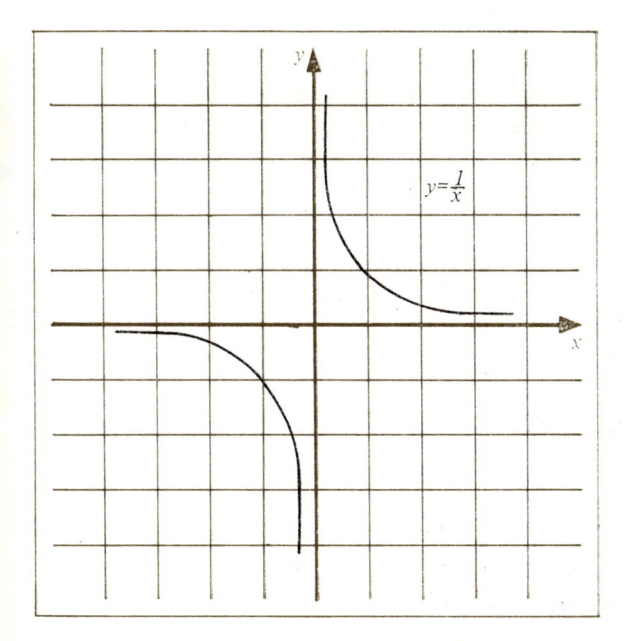

$y = \frac{1}{x}$

$$y = \frac{|x|}{x}$$

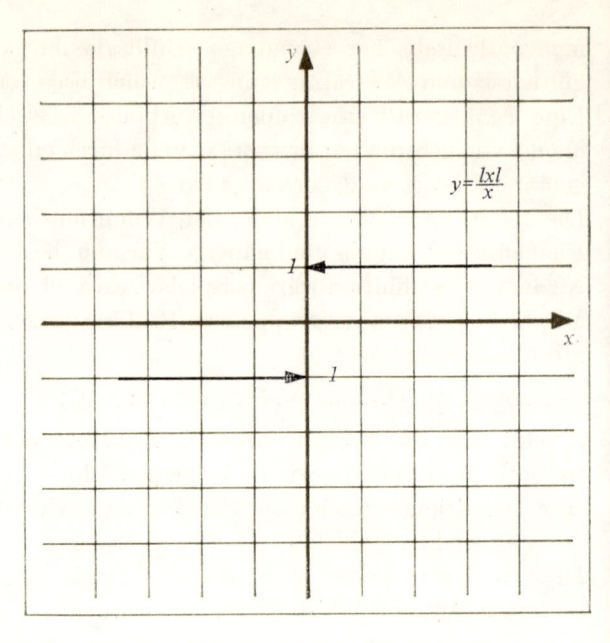

3. Bekannt ist die Darstellung einer Funktion durch eine Funktionsgleichung, die nach y aufgelöst wurde:

y = f(x).

Es ist die explizite Form der Darstellung durch eine Funktionsgleichung. Die letzte Darstellungsform wird sehr häufig genutzt und gestattet die genaue Berechnung der Funktionswerte bei jedem vorgegebenen Wert aus dem Definitionsbereich. Sie hat jedoch den Nachteil, daß diese Form recht wenig anschaulich ist. Die Vorteile der graphischen Darstellung gewinnen wir über die Wertetabelle, indem spezielle Werte berechnet und in das Koordinatensystem eingetragen werden. Bisher ist die Sache einwandfrei. Doch dann werden die Punkte verbunden. Da muß man ein dickes Ausrufezeichen setzen! Was alles passieren kann, das zeigen 3 Funktionsbilder, die als Beispiele zu Grenzwertuntersuchungen im vorigen Abschnitt herhalten mußten.

Beim Verbinden der Funktionswerte wird wieder von einer endlichen Menge (Wertetabelle) auf eine unendliche Menge geschlossen. Das ist recht gewagt, wie wir bereits mehrfach sehen mußten.

Es wird beim Verbinden vorausgesetzt, daß sich die Punkte lückenlos und ohne Sprünge zu einer Kurve zusammenfügen lassen. Das erlauben jedoch nicht alle Funktionen, wie die hier noch einmal dargestellten

zeigen. Die Funktionen können Lücken, Sprünge oder beides haben. Mit derartigem Makel behaftet, sind die Funktionen unstetig.
Stetige Funktionen haben weder Sprünge noch Lücken.
Doch diese Begriffsbestimmung ist für den Mathematiker wieder wenig exakt und anwendungsbereit. Es zeigt sich hier das grundsätzliche Streben der Mathematiker nach einer exakten Begriffsbestimmung, die, es sei zugegeben, für den Nichtmathematiker oft wenig verständlich und oft überzogen klingt. Doch nicht nur in der Mathematik ist eine exakte Begriffsbestimmung außerordentlich wichtig, und fehlt sie, kommt es leicht zu Verwirrungen und Fehlern.

Eine Funktion ist in einem Punkt stetig, wenn sie

1. in diesem Punkt definiert ist
2. in diesem Punkt einen Grenzwert hat (im Sinne der im vorigen Abschnitt angegebenen Definition)
3. der Grenzwert für den x-Wert des Punktes gleich dem Funktionswert $f(x)$ ist.

Verletzungen des Punktes 1 sind Lücken, die des Punktes 2 Lücken mit Sprungstellen (unter anderem Polstellen), und Verletzungen der Bedingung 3 sind Sprungstellen.
Die Darstellung der Geschwindigkeit eines Eisenbahnzuges ergibt in

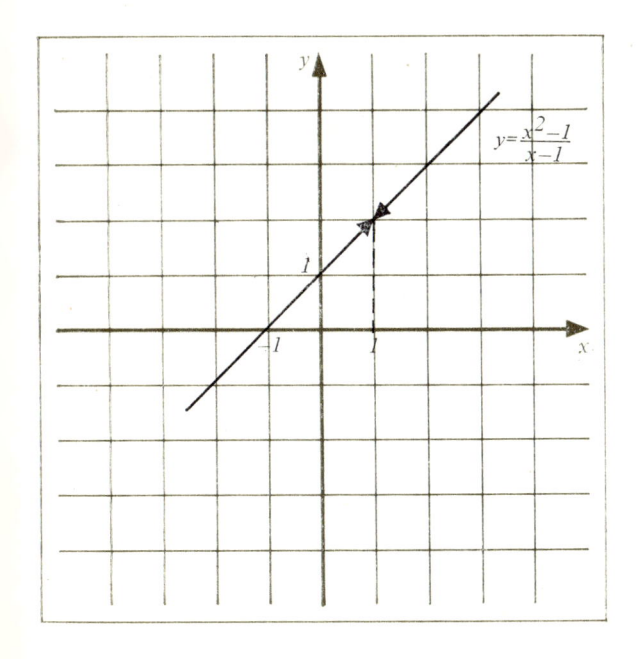

$$y = \frac{x^2-1}{x-1}$$

Abhängigkeit von der Zeit mit allen Bremsungen (Verzögerungen) und Beschleunigungen der Fahrt eine stetige Funktion.

Mit der Definition der Stetigkeit ist die Funktion jedoch nur in einem Punkt stetig. Ist eine Funktion in allen Punkten ihres Definitionsbereiches stetig, so heißt sie stetige Funktion. Gibt es einen Punkt, in dem die Funktion unstetig ist, so wird sie unstetige Funktion genannt.

Ein Trost zum Abschluß: Werden mit der unabhängigen Variablen x nur Addition, Subtraktion und Multiplikation durchgeführt (ganzrationale Funktion), so handelt es sich stets um eine stetige Funktion. Ganze rationale Funktionen lassen sich in folgender Form schreiben:

$$y = a_n x^n + a_{n-1} x^{n-1} + \cdots + a_1 x + a_0,$$

wobei die Koeffizienten a konstant sind. Schwierigkeiten gibt es beim Dividieren durch x immer dann, wenn der Nenner Null wird, beim Radizieren (Radikand kleiner Null) und bei einigen trigonometrischen Funktionen ($y = \tan x$, $y = \cot x$). Hier kann von Stetigkeit der Gesamtfunktion keine Rede mehr sein.

# Das Problem der Geschwindigkeit – einmal nicht bei der Radarkontrolle

**3.1. Einem berühmten Physiker fällt ein Apfel auf den Kopf, weswegen er in eine Geschwindigkeitskontrolle Ihrer Königlichen Polizei reitet**

Kehren wir kurz in das 17. Jahrhundert zurück und lassen der Phantasie etwas Raum! Der Weg zurück beträgt jetzt schon »nur« noch gute 300 Jahre.
In Mitteleuropa hatte der Dreißigjährige Krieg (1618–1648) getobt, der durch den Westfälischen Frieden beendet wurde, nachdem alle beteiligten Parteien völlig erschöpft waren. In Frankreich regierte seit 1643 Ludwig XIV. (1638–1715), der Nachwelt als »Sonnenkönig« bekannt. In England besiegte Oliver Cromwell seinen König Karl I. entscheidend im Jahre 1645. Er machte seinem König im Jahre 1649 den Prozeß, worauf

der König den Kopf verlor. Zwei Jahre nach Cromwells Tod (1658) entsteht so die erste bürgerliche Republik in England. Schließlich nimmt Karl II. 1660 nach der Restauration der Monarchie die Staatsgewalt wieder in königliche Hände.
In dieser Zeit wird am 4. Januar 1643 Isaac Newton in dem mittelostenglischen Dorf Woolsthorpe bei Lincolnshire im Zeichen des Steinbocks geboren. Da war ein Stern am Mathematikerhimmel aufgegangen, der viele Jahrhunderte für die Mathematik und die Naturwissenschaften leuchten würde.
Im Juni 1661, gerade 18 Jahre alt, wird Isaac Newton Student am Trinity College der Universität von Cambridge — ein Jahr vor der Gründung der Royal Society, jener Königlichen Akademie, die Newtons Leben nachhaltig beeinflussen sollte.
Im Jahre 1665 zieht sich Newton für zwei Jahre in sein Heimatdorf Woolsthorpe zurück, denn die Pest verheert das Land, und die Universität wird geschlossen. Später stellt sich heraus, daß es seine produktivste Zeit war, in der alle die vielen großartigen wissenschaftlichen Leistungen vorgedacht wurden. Sollten nicht demzufolge Studenten noch öfter nach Hause fahren oder nach Hause geschickt werden?
Vielleicht hatte Newton gerade das Spiegelteleskop fertiggestellt, das er am 11. 1. 1672 der Royal Society gleichsam als Einstand überreichte, als neben ihm ein Apfel auf die Erde fiel.
Diese Erschütterung brachte vielleicht die Erkenntnis, daß sowohl die Erde den Apfel als auch der Apfel die Erde anzieht. Da die Anziehung proportional zur Masse an Stärke zunimmt, gibt der Leichtere nach, und der Apfel fällt, für alle sichtbar, der Ende entgegen. Das Gesetz

$$F = \gamma \, \frac{m_A \, m_E}{r^2}$$

$$\gamma = (6{,}670 \pm 0{,}007) \, 10^{-11} \, \frac{Nm^2}{kg^2} \, ,$$

nach dem der Apfel auf die Erde fällt, beschreibt, was die Welt zusammenhält. Newton habe sein Spiegelteleskop eingepackt, so erzählt man, sich auf das Pferd gesetzt und sei gen Cambridge geritten. Von dort hatte er die Nachricht bekommen, daß die Pest abgeklungen war und er seine wissenschaftlich produktive Tätigkeit beenden konnte. Newton wurde im gleichen Jahr, 1667, in den Lehrkörper der Universität Cambridge aufgenommen. Er ritt also los, um so schnell wie möglich von seinem Heimatdorf zur Universitätsstadt zu gelangen. Ganz in Gedanken

versunken und – historisch belegt – kurzsichtig, übersah er ein Verkehrszeichen, das den Reitern in einem Vorort von Cambridge eine Höchstgeschwindigkeit von 30 km/h gebot. Nun herrschte ja seit 1660 die restaurierte Königsgewalt in England unter Karl II. So hatte die Königliche Polizei strikten Befehl, der Raserei an allen Stellen ein Ende zu bereiten. Newton wurde angehalten und gemustert. Er war zu jenem Zeitpunkt 24 Jahre alt. Deswegen war die erste Meinung des Leiters der Verkehrskontrolle natürlich »jugendlicher Verkehrsrowdy«. Wie konnten sie wissen, daß der Delinquent 1696 einmal in die Landeshauptstadt übersiedeln und Warden of Royal Mint (Aufseher der Königlichen Münze) würde? Wie sollten sie vorhersehen können, daß Newton einmal (1705) von der nachfolgenden englischen Königin Anna, der letzten aus dem Hause Stuart, die eine Königskrone trug, geadelt würde?
Der spätere Sir Isaac Newton, im Jahre 1699 zum Master of the Royal Mint (Direktor der Königlichen Münze) befördert, stand nun nicht nur vor Cambridge und der Berufung zum Hochschullehrer, sondern auch vor einem Strafmandat, das, da er nicht zahlen konnte, an den Rektor der Universität, an Magnifizenz also persönlich, weitergegeben wurde. Eine peinliche Sache!

## 3.2. Wie heute auch – Diskussion zum Strafmandat und Sieg der Grenzwerte

Der Rektor, von Newton eilig informiert, meinte: »Sehen Sie, wie Sie da herauskommen, wenn ich jemals Herr Kollege zu Ihnen sagen soll!« Es sollte doch so werden, denn die Polizei begab sich in das Institut von Newtons Lehrer I. Barrow (1630–1677) und damit gleichsam auf das Gebiet von Naturwissenschaftlern. Aber man schickte den allerschlausten Polizeioffizier. Er sagte nicht: »Sie haben die zulässige Höchstgeschwindigkeit überschritten, weil es uns so vorkam!« Er sagte: »Herr Newton, Sie haben sich mit dem Pferd geradlinig und gleichförmig bewegt. Wir haben die Zeit gemessen, in der sie eine Meile zurücklegten. Die Zeit war zu gering!«
Bei geradlinig gleichförmigen Bewegungen berechnet sich die Geschwindigkeit aus dem Quotient von zurückgelegtem Weg und dafür benötigter Zeit:

$$v = \frac{s}{t}.$$

# GESCHWINDIGKEITS-KONTROLLE

"ICH SCHREIE LAUT DIE ZEIT!"

"...UND ICH RECHNE AM COMPUTER."

AUF EINER STRASSE WIRD EINE STRECKE VON 100 METERN ABGESTECKT UND EINE GESCHWINDIGKEITS-KONTROLLE VORBEREITET.

"ICH SCHREIE LAUT JETZT!"

30 km/h SIND 30 000 METER/h SIND 83 METER/s
GESCHWINDIGKEIT = WEG DURCH ZEIT.
ZEIT IST WEG DURCH GESCHWINDIGKEIT SIND 100 m DURCH 8,3 m/s 12,0 SEKUNDE

"JIPIIIH!! HAHA!"

JETZT!

RADFAHRER BENÖTIGT FÜR DIE STRECKE GENAU 10 SEKUNDEN

"DAS WAR DOCH SICHER ZU SCHNELL!"

"ICH HABE DIE ZEIT GESTOPPT."

"...UND ICH RECHNE SOFORT LOS."

STOP!
SCHEYSE!
DAS MACHT EINEN THALER STRAFE!
DAS SIND 35 KILOMETER PRO STUNDE, DAS SIND 35 KILOMETER
QUIETSCH
INZWISCHEN RAST EIN AUSFLUGSWAGEN DURCH DIE MESSSTRECKE
JIPPI, JIPPI...
HOLLA, HO..
NA, NA... WENN DAS NICHT ZU SCHNELL IST!
WO BLEIBEN DIE DENN BLOSS?
RATTA, RATTA, RATTA, RATTA
MIR GEHT JETZT LANGSAM DER STROM AUS!!!
...IST DOCH 'NE PRIMA IDEE, SO 'NE PAUSE AUF HALBER STRECKE!
3/2

Doch was ist das für eine Geschwindigkeit? Welches Pferd der Erde bewegt sich über eine Meile gleichförmig? Bestenfalls kann so eine Durchschnittsgeschwindigkeit berechnet werden. Doch kann man für eine Durchschnittsgeschwindigkeit bestraft werden?

Das war dem schlauen Polizeioffizier nun doch nicht ganz klar, denn auch er hatte die Vorstellung, daß die Geschwindigkeit wesentlich sein muß, die im Moment der Beobachtung herrscht. Also ist keine Durchschnittsgeschwindigkeit, sondern eine Momentangeschwindigkeit gesucht, und diese ist nur strafbar, wenn sie einen vorgegebenen Wert überschreitet.

Als dann noch ein junger Naturwissenschaftler von einer Aufgabe berichtete, die er mit einem führenden Landwirt gelöst hatte, stand das Ergebnis fest. Der Wissenschaftler hatte ausgerechnet, daß ein Fluß im Durchschnitt 50 cm tief ist. Das Bäuerlein hatte seine Kühe durch den Fluß getrieben, und die waren alle ersoffen. Noch heute fragt man sich deswegen an der Universität, was wohl da nicht gestimmt hat, denn die Rechnung zeigte keinen Fehler. Das Ergebnis war allerdings auch eindeutig! Warum sollte nun Newton für eine Durchschnittsgeschwindigkeit bestaft werden, wo seine Momentangeschwindigkeit doch nicht festzustellen war?

Selbst der Polizist meinte, nicht zuletzt durch das Beispiel mit dem im Durchschnitt nur 50 cm tiefen Fluß verwirrt, daß die Meßstrecke von einer englischen Meile wohl zu lang sei. Ißt nämlich der Reiter innerhalb der Meßstrecke zusätzlich seine Wegzehrung, dann wird die Zeit zwangsläufig größer und die Geschwindigkeit so gering, daß sie bei aller sonstigen Hektik nicht an die vorgegebene Grenze reicht.

»Herr Newton, würden Sie für eine Meßstrecke von 100 m bezahlen?« Newton: »Nein, denn die Polizei hat die Durchschnittsgeschwindigkeit von 100 m und keine Momentangeschwindigkeit gemessen.« »Herr Newton, würden Sie für eine Meßstrecke von 10 m bezahlen?« Newton: »Nein, denn die Polizei hat die Durchschnittsgeschwindigkeit für diese 10 m gemessen und wieder keine Momentangeschwindigkeit!« Noch kleinere Angebote waren für den Polizisten nicht mehr zu machen, denn da wäre die Meßgenauigkeit vom kritischen Newton bestimmt in Frage gestellt worden.

Außerdem ist ein Pferd schon ziemlich lang und würde somit auch kaum in eine noch wesentlich kürzere Meßstrecke passen.

Der Polizist überlegte und meinte: »Sie wollen mich dazu verleiten, daß ich die Meßstrecke auf einen Punkt reduziere. Dann ist $s = 0$ und zwangsläufig auch $t = 0$. Division durch Null hat mir aber mein hochverehrter Mathematiklehrer strengstens verboten!«

Da der Polizist ein guter Schüler war, wollte er auch die Null nicht durch Null dividieren. Er tat gut daran, denn der Ausdruck $v = \dfrac{0}{0}$ für die Momentangeschwindigkeit ist Unsinn.

Ein Beispiel für die richtige, aber grundsätzlich neue Behandlung des Problems liefert das Weg-Zeit-Gesetz von Newtons Apfelfall. Aus Meßreihen, die den zurückgelegten Weg und die dafür im luftleeren Raum benötigte Zeit erfassen, ergibt sich:

$$s = \frac{g}{2} t^2 \quad \text{mit} \quad g = 9{,}91 \frac{m}{s^2}.$$

$s_0$ ist der bis zum Anfang der Meßstrecke zurückgelegte Weg.
$s_1$ ist der bis zum Ende der Meßstrecke zurückgelegte Weg.
$t_1 - t_0$ ist die für die Wegdifferenz $s_1 - s_0$ benötigte Zeit.
Mit dem Quotienten

$$v = \frac{s_1 - s_0}{t_1 - t_0}$$

wird wieder nur eine Durchschnittsgeschwindigkeit gemessen. Es ist die Durchschnittsgeschwindigkeit, mit der ein von $s_0$ nach $s_1$ fallender Körper sich bewegt. Gesucht ist aber die Geschwindigkeit in dem Moment, in dem der Körper den Anfang der Meßstrecke durchfällt. Wenn $s_1$ immer näher an $s_0$ rückt, so wird der Spielraum, mit dem die Durchschnittsgeschwindigkeit um die Momentangeschwindigkeit schwankt, immer geringer. $s_0 = s_1$ zu wählen wäre jedoch falsch, denn das führt auf den unsinnigen Quotienten, in dem Null durch Null zu dividieren wäre. Die Zeit $t_1$ wird durch ein variables $t$ ersetzt, mit den Randwerten:

1. $t \neq t_0$
2. $t \to t_0$.

Indem die Differenz zwischen t und $t_0$ immer kleiner wird, jedoch immer ungleich Null bleibt, entsteht eine Folge von Durchschnittsgeschwindigkeiten. Der Grenzwert dieser Folge muß die Momentangeschwindigkeit sein.

$$\lim_{t \to t_0} \frac{\frac{g}{2} t^2 - \frac{g}{2} t_0^2}{t - t_0} = \lim_{t \to t_0} \frac{\frac{g}{2} (t^2 - t_0^2)}{t - t_0} = \lim_{t \to t_0} \frac{g}{2} (t + t_0)$$

$$= \lim_{t \to t_0} \left( \frac{g}{2} t + \frac{g}{2} t_0 \right) = \frac{g}{2} t_0 + \frac{g}{2} t_0 = g t_0.$$

Somit ist die Geschwindigkeit (Momentangeschwindigkeit) im Punkt $s_0$

$v = g t_0$.

Nur diese Betrachtung liefert ein Ergebnis, das allen Einwänden standhält. Doch wer will von der Polizei vor mehr als 300 Jahren das Aufstellen einer Folge von Durchschnittsgeschwindigkeiten mit anschließender Grenzwertbildung verlangen? Man wartete lieber auf die Entdeckung der elektromagnetischen Wellen, die als Radarfallen bekannt wurden und ihren Siegeszug im 20. Jahrhundert feierten. Polizisten der 50er und 60er Jahre unseres Jahrhunderts, die nicht warten konnten, legten Schläuche auf die Straße, maßen die Zeit, die zum Durchfahren der Meßstrecke erforderlich war, konnten damit jedoch wieder nur die Durchschnittsgeschwindigkeit in der Meßstrecke bestimmen. Die Höchstgeschwindigkeit soll aber in keinem auch noch so kleinen Moment überschritten werden. Zu heftige Bremsversuche von Zweiradfahrzeugen in der Meßstrecke hätten leicht zur Überquerung des zweiten Meßschlauches durch den forschen Fahrer auf dem Luftweg führen können.

### 3.3. Endlich einmal — Momentangeschwindigkeit

Ob sich alles so, wie es geschildert wurde, auch wirklich abgespielt hat, ist höchst zweifelhaft. Doch im Prinzip ist alles richtig. Isaac Newton hat als erster Mensch Momentangeschwindigkeiten von sich bewegenden Körpern durch Grenzwertbildung der Durchschnittsgeschwindigkeitsfolge bestimmt. Im Jahre 1676 teilte er seinem deutschen Kollegen G. W. Leibniz mit, daß er im Besitz der Differentialrechnung sei. Mit dieser Rechnungsart konnte Newton Bewegungsabläufe geistig erfassen und mathematisch exakt darstellen. Das sind solche Bewegungsabläufe, wie sie bei Pendeln, bei ballistischen Bewegungen oder der Fallbewegung erfolgen. Damit kommt Newton das Verdienst zu, daß er die physikalischen Grundbegriffe exakt festgelegt hat. Die Planetenbewegungen nach den Gesetzen von Kepler wurden von Newton bewiesen. Das wichtigste Werk von Newton heißt »Philosophiae naturalis principia mathematica« – Mathematische Prinzipien der Naturwissenschaft. Newton hat den unmittelbaren Zusammenhang zwischen Mathematik und Physik hergestellt und viele physikalische Probleme theoretisch gelöst.

Wenn er allerdings 1676 an Leibniz, im übrigen ohne nähere Einzelheiten, schreibt, daß er im Besitz der Differentialrechnung sei, so ist das richtig und auch wieder nicht.

Heute sagen wir, daß Newton eine spezielle Form der Differentialrechnung entwickelt hat, die er selbst als die Theorie der fließenden Größen bezeichnete (Theorie der Fluenten und Fluxionen). Schon 1665 hat sich Newton mit der Frage nach der Beziehung zwischen Strecken und Geschwindigkeiten beschäftigt. Fluenten sind zeitabhängige Variable (z. B. Strecken). Die Änderungen von Fluenten sind im ersten Glied Fluxionen, die Änderungen von Fluxionen sind zweite Fluxionen usw. Als letztes legte Newton »das Moment«, eine Größe, fest, das im folgenden sein Spiegelbild im Differential finden wird. Wegdifferenzen werden mit $\Delta s$ (gelesen: Delta s) bezeichnet. Differenzen werden hier durch diesen kleinen griechischen Buchstaben gekennzeichnet. Die Momentangeschwindigkeit ist demzufolge der Grenzwert

$$v = \lim_{\Delta t \to 0} \frac{\Delta s}{\Delta t} = \dot{s}.$$

Newton bezeichnet die Fluxion Geschwindigkeit durch s mit einem Punkt über dem Buchstaben. Die Beschleunigung ist die Geschwindigkeitsänderung pro Zeit – zunächst also eine Durchschnittsbeschleunigung. Die Momentanbeschleunigung ist der Grenzwert

$$a = \lim_{\Delta t \to 0} \frac{\Delta v}{\Delta t} = \dot{v} = \ddot{s}.$$

Ein Punkt mehr macht also aus einer Geschwindigkeit eine Beschleunigung.

Betreiben wir also Physik, so, wie sie Newton erstmalig kürte. Mit Metermaß und Stoppuhr läßt sich eine Weg-Zeit-Tabelle aufstellen und das Weg-Zeit-Diagramm zeichnen. Die zugehörige Gleichung – die Weg-Zeit-Gleichung – ist also ein Ergebnis empirischer Messung[13].

---

13  empirisch – durch Erfahrung gewonnen, gemessen (lat.)

Ohne die Bewegung je beobachtet zu haben, lassen sich aus den zugehörigen Weg-Zeit-Gleichungen klare Schlüsse über die Art der Bewegung ziehen.
Das sollen zwei Beispiele zeigen:

1. $s = 3t - 2$ für $t \geqq 0$.

Für $t_1$ wird $t + \Delta t$ gesetzt: $\Delta t = t_1 - t_0$.

$$\dot{s} = v = \lim_{\Delta t \to 0} \frac{3(t + \Delta t) - 2 - (3t - 2)}{\Delta t} = \lim_{\Delta t \to 0} \frac{3 \Delta t}{\Delta t} = \lim_{\Delta t \to 0} 3 = 3$$

Die Geschwindigkeit beträgt 3 m/s und ist demzufolge (konstante Geschwindigkeit) gleichförmig.

$$\ddot{s} = a = \lim_{\Delta t \to 0} \frac{3 - 3}{\Delta t} = 0$$

Die Beschleunigung dieser gleichförmigen Bewegung ist folgerichtig Null.

2. $s = t^2 - 0{,}2\, t + 5$     für $t \geqq 0$

$$\dot{s} = v = \lim_{\Delta t \to 0} \frac{(t + \Delta t)^2 - 0{,}2(t + \Delta t) + 5 - (t^2 - 0{,}2\, t + 5)}{\Delta t}$$

$$= \lim_{\Delta t \to 0} \frac{2t\, \Delta t + \Delta t^2 - 0{,}2\, \Delta t}{\Delta t} = \lim_{\Delta t \to 0} (2t + \Delta t - 0{,}2) = 2t - 0{,}2$$

Da die Geschwindigkeit von der Zeit abhängt (2 t), liegt eine ungleichförmige Bewegung vor (ungleichmäßig beschleunigte Bewegung).

$$\ddot{s} = a = \lim_{\Delta t \to 0} \frac{2(t + \Delta t) - 0{,}2 - (2t - 0{,}2)}{\Delta t} = \lim_{\Delta t \to 0} \frac{2 \Delta t}{\Delta t} = 2.$$

Die Beschleunigung ist ungleich Null.
Auf solche Weise konnte Newton Bewegungen beschreiben, die er nicht einmal in Augenschein nehmen mußte, die auch wir nicht gesehen, wohl aber richtig eingeordnet haben.
Doch genauso gleichgültig mußten Newton auch die Frauen seiner Umgebung gewesen sein. Es ist von ihm überliefert, daß er die Hand einer jungen Dame nicht, wie von ihr beabsichtigt, zum Küssen nutzte, sondern ihren kleinen Finger ganz gedankenlos zum Stopfen seiner brennenden Pfeife verwendet hat. Vielleicht hat die bewußte Dame sich anschließend als Fluente beschreiben lassen?

# Das Problem der Tangente

## 4.1. Herr Leibniz verzweifelt, weil Dreieckseiten total verkümmern

Eine Gerade kann folgende Eigenschaften haben: Sie steigt, sie fällt oder verläuft parallel zur Waagerechten. Beim Fallen oder Steigen kommt es weiter darauf an, ob der Betrachter auf der einen oder auf der anderen Seite steht. Leicht verwandelt sich die Eigenschaft Fallen oder Steigen in das Gegenteil. Das ist dann nicht ganz unwesentlich, wenn die Straße durch eine Gerade beschrieben wird und der Betrachter ein Radfahrer ist. Der Anstieg wird als Verhältnis von Höhenänderung zur dafür benötigten waagerechten Strecke definiert.

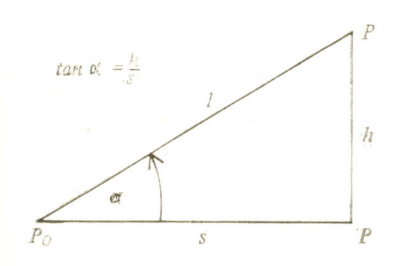

In der Praxis fehlt uns sehr oft die Möglichkeit, die Strecke s zu messen. Liegt 1 auf einer Straßenoberfläche, dann wäre es wohl unsinnig, wenn die Straße von $P_0$ bis $P$ waagerecht abgetragen würde, um s und h messen zu können. Der Lohn dieser Mühe wäre die Möglichkeit, den Anstieg berechnen zu können und eine auf der Länge 1 zerstörte Straße, die von nun an eine Treppenstufe besitzt. Um letzteres zu vermeiden und doch zu einem Ergebnis zu gelangen, wird die Tatsache ausgenutzt, daß für Winkel, die kleiner als etwa 6° sind, der Tangensfunktionswert gleich dem Sinusfunktionswert gesetzt werden kann.[14]

| $\varphi < 6°$ | $\tan \varphi \approx \sin \varphi$ | | $\varphi < 6°$ | $\tan \varphi \approx \sin \varphi$ | |
|---|---|---|---|---|---|
| $\varphi$ | $\sin \varphi$ | $\tan \varphi$ | $\varphi$ | $\sin \varphi$ | $\tan \varphi$ |
| 1° | 0,0175 | 0,0175 | 4° | 0,0698 | 0,0699 |
| 2° | 0,0349 | 0,0349 | 5° | 0,0872 | 0,0875 |
| 3° | 0,0523 | 0,0524 | 6° | 0,1045 | 0,1051 |

Konsequenz aus dieser Tabelle ist, daß die nicht direkt meßbare Größe s durch 1 ersetzt werden kann. Wird auf dem Verkehrsschild ein Anstieg von 8% angezeigt, so denkt der vor dem Berg stehende Radfahrer, daß es fast senkrecht in den Himmel geht. Doch das ist eine Täuschung!

Ein Anstieg von 8% bedeutet, daß die Straße auf einem Meter (s = 100 cm) einen Höhenzuwachs von 8 cm erfährt. Nach dem Satz des Pythagoras ergibt sich für

$$1 = \sqrt{100^2 + 8^2} = 100,32.$$

Der Anstiegswinkel

$$\tan \varphi = \frac{8}{100} \rightarrow \varphi = 4,57°$$

$$\sin \hat{\varphi} = 0,08 \rightarrow \hat{\varphi} = 4,57°.$$

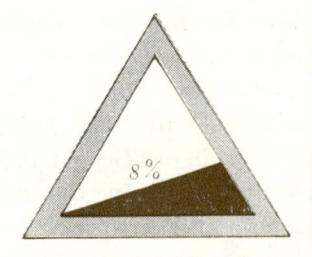

Aber auch mit unserem Ansatz (s = 1) erhalten wir einen Winkel, der nach unseren Erfahrungen eigentlich etwas zu gering erscheint. Doch er ist wirklich nicht größer. Also welche Täuschung!

Es bleibt hier die Feststellung, daß der Anstieg einer geraden Strecke

---

14 Die trigonometrischen Funktionen lassen sich in einem rechtwinkligen Dreieck mit den Begriffen Hypotenuse (größte Seite, dem rechten Winkel gegenüberliegend) und den beiden Katheten (kürzere Seiten) definieren. Die Ankathete ist dabei ein Schenkel des Winkels, von dem die Werte der trigonometrischen Funktionen bestimmt werden sollen. Die Gegenkathete liegt dem Winkel gegenüber:

$$\sin x = \frac{\text{Gegenkathete}}{\text{Hypotenuse}}, \quad \tan x = \frac{\text{Gegenkathete}}{\text{Ankathete}}.$$

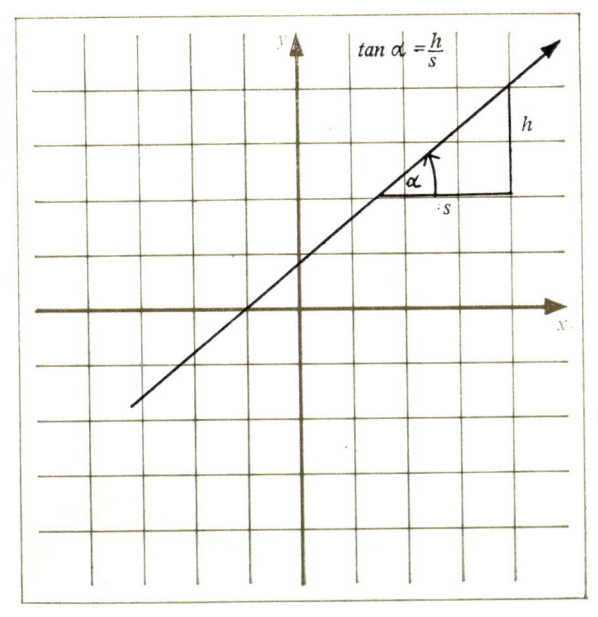

immer exakt durch den Tangens und bei einigen praktischen Problemen (Anstieg einer Straße, Eisenbahnstrecke, Keil, Schraube usw.) hinreichend genau durch den Sinus berechnet werden kann. Dabei ist es völlig gleichgültig, in welchem Punkt der Strecke das Steigungsdreieck angelegt wird. Die Seiten des Dreiecks liegen parallel zu den Koordinatenachsen (senkrechte und waagerechte Richtung), was bedeutet, daß ein Steigungsdreieck immer rechtwinklig ist. Alle möglichen Dreiecke in einem Punkt sind sich und mit allen möglichen Dreiecken in einem beliebigen Punkt auf dieser Geraden ähnlich, so daß sich immer der gleiche Anstieg ergibt. Dieser ist jedem Punkt auf der Geraden zugeordnet. Eine Gerade im Koordinatensystem hat die allgemeine Funktionsgleichung

$y = mx + n$.

Um für einen beliebigen Punkt auf der Geraden – er hat die Koordinaten $(x, mx + n)$[15] – den Anstieg zu errechnen, wird die Abszisse x um $\Delta x \neq 0$ erhöht. Wie sich aus der Geradengleichung sofort ergibt, verändert sich dadurch die Ordinate auf $m(x + \Delta x) + n$. Die Ordinatenveränderung, bezeichnet durch h, ergibt sich aus der Differenz der Ordinatenwerte, d. h.,

$h = m(x + \Delta x) + n - (mx + n)$,

15  (**Abszisse**, Ordinate) des Punktes

STRASSEN-STEIGUNG
...DU, DAS GEHT JA GANZ SCHÖN STEIL BERGAB, ODER?
SO STEIL IST ES GAR NICHT!
ALSO, WENN DIE ABSTEIGEN, STEHT MIR DAS ABER AUCH ZU!
?
BONG!
NEIIIIIN!
AUH
ES WAR DOCH GANZ SCHÖN STEIL!
... UND EIN BAUM STAND UNS AUCH IM WEGE!

JA, ... SO BESTIMMEN WIR DAS GEFÄLLE!
WIR MÜSSEN EINE STUFE SCHIPPEN, UM DIE HÖHENZUNAHME ZU BESTIMMEN.
ICH BIN FERTIG! DIE STUFE IST GENAU 10 METER LANG
OB DAS SO RICHTIG IST?
...UND GENAU 1 METER HOCH!
DAS GIBT NUR 10% STEIGUNG!
NEIN! 10% GEFÄLLE!
?
BRUMM, BRU
TÜÜÜT, TÜT
KRASCH.
BOING!
PAFF!
?
HÄTTET IHR DOCH IN EURER EINFALT DEN SINUS GENOMMEN! AUCH DER GIBT DANN 10% GEFÄLLE.
DAS WAREN 90° ABWÄRTS!
ENDE

dieser Änderung entspricht eine Abszissenänderung von $\Delta x$. Das ergibt den Anstieg

$$\tan \varphi = \frac{h}{\Delta x} = \frac{mx + m \Delta x + n - mx - n}{\Delta x} = m.$$

Das Ergebnis ist keine Überraschung, denn der Wert m bezeichnet den Anstieg der Geraden. So einfach und verständlich, wie das bei der Geraden ist, so schwierig kann das bei den anderen Kurven der Ebene werden, die sich als Bilder von beliebigen Funktionsgleichungen $y = f(x)$ ergeben.
Der Anstieg einer beliebigen Kurve in einem Punkt ist gleich dem Anstieg der Tangente in diesem Punkt.
Am leichtesten ist das für die Punkte auf dem Umfang eines Kreises zu erklären. Dabei lassen sich die Tangenten in jedem Punkt leicht konstruieren. Durch Errichtung der senkrecht auf dem zugehörigen Radius stehenden Geraden durch den Tangentenpunkt ist die Tangente festgelegt.
Eine Gerade, die einen Kreis in zwei Punkten schneidet, ist eine Sekante. Rutscht nun der Punkt $P_1$ auf dem Kreisumfang dichter an $P_0$ heran,

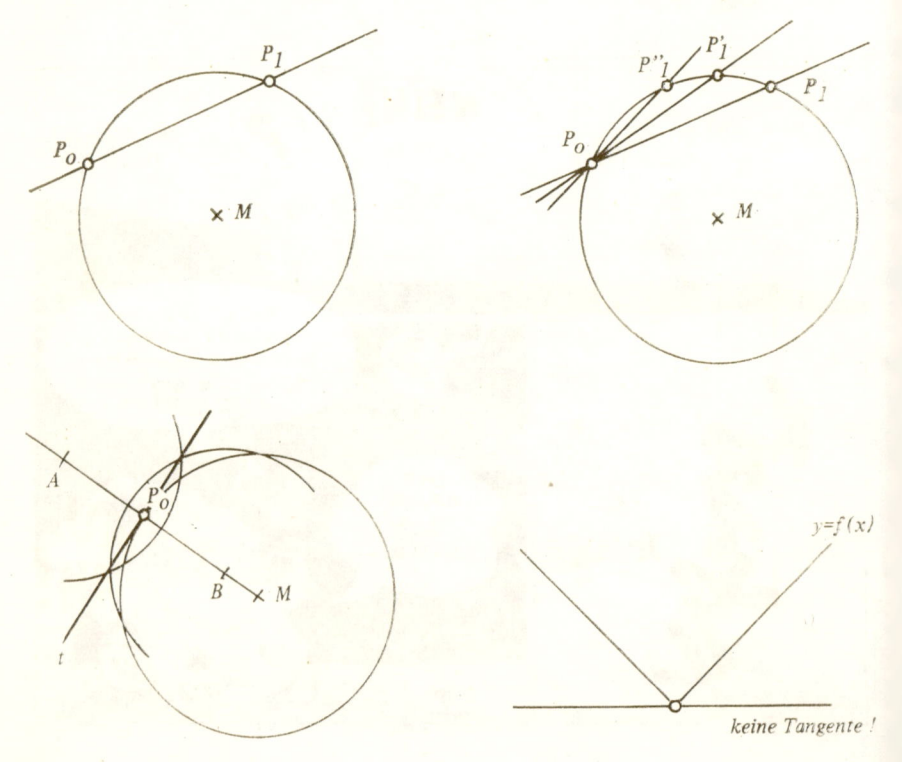

*keine Tangente!*

TANGENTENANSTIEG
1.
AN EINEM KURVENBOGEN VERSUCHT EIN SPORTLER SICH EMPORZUZIEHEN
?
FESTE ZIEHEN!
!!
2.
UFF, IST ES GUT?
JA, EINE GUTE SEKANTE
3.
ICH WILL ABER TANGENTE SEIN!
VERSUCH MIT EINER HAND.
4.
TANGENTE GEHT ABER SCHWERER!
IMMER NOCH SEKANTE!
5.
UND SCHLUSS
JETZT BIST DU PASSANTE!
AU, AH!

so handelt es sich bei der Verbindungsgeraden immer noch um Sekanten, so lange wie $P_0 \neq P_1$ ist.

Die Richtung der so gebildeten Sekanten dreht sich in immer stärkerem Maße in die Richtung der Tangente im Punkt $P_0$.

Ist $P_0$ ein Kreispunkt, so ergibt sich die Tangente nach der in der Abbildung angegebenen Konstruktion.

Gewissermaßen ergibt sich die Tangente als Grenzfall zu den Sekanten, wenn sich der zweite Schnittpunkt mit dem Kreis dem ersten beliebig nähert.

Allgemein kann die Tangente als eine Gerade beschrieben werden, die in einer hinreichend kleinen Umgebung des betrachteten Punktes die Kurve in keinem Punkt weiter berührt. Diese Beschreibung ist natürlich nicht exakt genug, um mathematischen Ansprüchen zu genügen. Deswegen soll der nach dieser Beschreibung zunächst noch mögliche Fall ausgeschlossen werden, daß in einer Ecke (Schnittpunkt zweier Geraden) eine Tangente existiert.

Wie bei vielen Dingen in der Mathematik und in den Naturwissenschaften ist es ja auch im Leben. Ein Begriff liegt erst dann endgültig fest und wird vollständig verstanden, wenn er berechnet oder gemessen werden kann.

Das Problem der Tangente löste der deutsche Gelehrte Gottfried Wilhelm Leibniz (1646—1716). Er überschritt wie Newton mit seiner Lösung die Schwelle zur höheren Mathematik, was jahrhundertelang auch andere

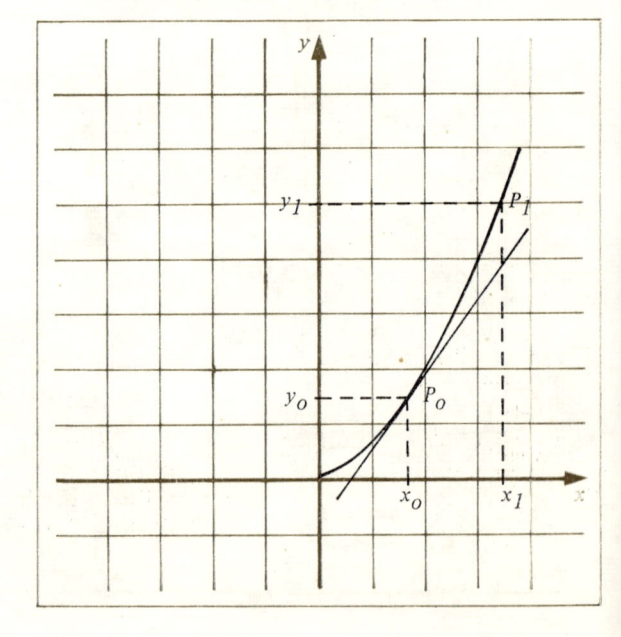

Mathematiker mit großer Energie versuchten. Dabei war eine völlig neue Betrachtungsweise erforderlich. Eine beliebige, nicht geradlinig verlaufende Kurve zeigt das Problem. Die Elementarmathematik kommt an die Bestimmung des Anstiegswinkels der Tangente im Punkt $P_0$ nicht heran, wenn es sich nicht um spezielle Kurven wie Kreise, Ellipsen, Parabeln oder Hyperbeln handelt. Durch den Tangens kann zwar der Anstieg jeder Sekante, zum Beispiel der durch $\overline{P_0 P_1}$, bestimmt werden, jedoch niemals der einer Tangente, denn die Ankathete schwindet zusammen mit der Gegenkathete auf den Wert Null. Es läuft also wieder auf den unerfüllbaren, weil unsinnigen Wunsch hinaus, die Zahl Null (Gegenkathete) durch den Wert Null der Ankathete teilen zu wollen.

Die Lösung des Problems hat auch bei Leibniz vieler Überlegungen bedurft — Überlegungen, die weit über das hinausführten, was Generationen von Mathematikern vor seiner Zeit gedacht hatten. In der Form des Romans beschreibt die Autorin Johannes[16]: »Hephaistos[17] vom Olymp in die tiefen des Okeanos[18] hinabgeschleudert, von seiner mutter gerettet, von Thetis, von der meeresgöttin Thetis. Der gerettete Hephaistos schmiedet über lodernder esse den SCHILD DES ACHILL — er hat die kraft über dem feuer den schild zu schmieden und in das rund des schildes hineinzubannen, was wirklichkeit ist — Hephaistos hatte die kraft — DIE KRAFT! Das charakteristische Dreieck ist die kraft, die das Dreieck auf der kurve hält, bis zur punktgleichheit schrumpfen läßt — im punkt A der kurve verschwindet das Dreieck, und so spiegelt sich im kleinsten punkt die größte kraft — im kleinsten Punkt schlummert ein Teil der größten Kraft. Erhaltung der Bewegung? Nein, Monsieur Descartes[19]. Ich stelle das Gesetz von der Erhaltung der Kraft dagegen. Alles hat teil an der Kraft, in jedem Ding und Wesen wirkt eine Tendenz der Bewegung, die ein infinitesimaler Teil der Kraft des Lebens ist.«

Ähnliche Formulierungen wurden bereits 1689 in einer Abhandlung über unendliche Reihen durch Jakob Bernoulli gewählt.

Die Entdeckungen von Leibniz entstanden während seines Aufenthaltes

---

16   Christa Johannes: Leibniz, Berlin 1966, Seite 174 (1966 war der 250. Todestag von G. W. Leibniz)

17   Hephaistos — Sohn des Zeus und der Hera, von beiden verachtet wegen seines mißgestalteten Körpers, galt als Schmied des Olymp und als geschickter Handwerker

18   Okeanos — der nach dem Weltbild der Griechen die Erdscheibe umfließende Weltstrom

19   Renè Descartes (1596—1661), französischer Philosoph und Mathematiker, der 1637 sein wichtigstes Werk »Discours de la Mèthode« anonym herausgab, um Auseinandersetzungen mit der Kirche zu vermeiden

in Paris (1672—1676) nach intensiven Studien vor allem der Werke von Blaise Pascal (1623—1662) und dem schon im Zitat erwähnten René Descartes (1596—1661). Als Leibniz 1673 im Auftrag des Kurfürsten von Mainz nach London reiste, zeigte er den Mitgliedern der Royal Society das Modell einer selbstgebauten Rechenmaschine, und die Mitglieder der Royal Society teilten ihm als Gegenleistung mit, daß sein Wissen in der Mathematik noch nicht dem neuesten Stand entsprach. Während der vier Wochen Aufenthalt in London erhielt er Einsicht in die mathematischen Arbeiten von Newton. Die beschämende Einschätzung der damaligen Kenntnisse von Leibniz ergab sich vor allem in den Gesprächen mit seinem englischen Kollegen Pell[20], die im Januar bis März des Jahres 1673 stattgefunden hatten. Die Kenntnisse von Leibniz bei seiner Ankunft in London und sein starkes Interesse an allem ihm in England zugänglichen Material sollten später Anlaß zu allerlei Streitereien sein, die sowohl Newton als auch Leibniz den Lebensabend vergällten und in der Behauptung gipfelten, daß nach dem Stand der Dinge Leibniz wohl kaum als erster die höhere Mathematik entwickelt haben könne.

Leibniz wurde im Juli 1646 als Sohn eines Professors in Leipzig, zwei Jahre vor dem Ende des Dreißigjährigen Krieges, geboren. Mit sieben Jahren an der Universität immatrikuliert — dieses Vorrecht stand Professorensöhnen damals zu — begann er mit 14 Jahren ein Jurastudium. Bereits mit 17 Jahren, das war damals so üblich, denn »ewige Studenten« gab es wohl noch nicht, erwarb Leibniz den akademischen Grad eines Baccalaureus.

Nach einem Aufenthalt in Jena, wo er bei dem dortigen Mathematikprofessor Weigel (1625—1699) studierte, kehrte Leibniz in seine Heimatstadt zurück, wo er habilitierte und sich durch eine juristische Arbeit zum Magister der Philosophie avancierte. Als ihm die Universität in Leipzig die Würde des Doktors der Rechte verweigerte, weil ältere Bewerber streng auf die Einhaltung der Reihenfolge pochten, verließ er verärgert die Heimatstadt und ging an die Universität der freien Reichsstadt Nürnberg. Einer Professur an dieser und allen anderen Universitäten seiner Zeit ging Leibniz fernerhin aus dem Wege. Kurzzeitig beschäftigte sich Leibniz im Verein der Rosenkreuzler auch mit Alchemie,

---

20  John Pell (1610—1685) war ein vielbelesener Mathematiker, der umfangreiche Literaturstudien betrieb und so in der Royal Society eine große Bedeutung hatte. Sein Ziel war die Schaffung eines Katalogs mathematischer Methoden, der diese in Verbindung mit den Problemen darstellen sollte. J. Pell hat lieber Probleme und Lösungen anderer Mathematiker kommentiert. Er selbst konnte sich nicht entschließen, eine eigene Veröffentlichung herauszugeben.

bis er seinen Gönner Johann Christian Boineburg kennenlernte und durch ihn in den Dienst des Kurfürsten von Mainz kam. Auf solche Weise führten ihn Reisen nach Paris und London. Die Infinitesimalrechnung wurde in den Jahren 1679 entwickelt, aber noch nicht veröffentlicht. Im Jahre 1684 kam das Werk in der Zeitschrift »Acta eruditorum« unter dem Titel »Nova methodus pro maximis et minimis itemque tangentibus, quae nec fractas nec irrationales quantitatas moratur, et singulare pro illi calculi genus« heraus. In diesem Werk werden bereits die Zeichen benutzt, die noch heute in der Differentialrechnung gebräuchlich sind. Im Jahre 1676 nahm Leibniz Abschied von der mathematisch für ihn so fruchtbaren Pariser Zeit. Eine Tätigkeit beim Herzog von Hannover bot dem berühmten Gelehrten eine sichere Existenz. Als Leibniz am 14. 11. 1716 in Hannover starb, hinterließ er der Nachwelt ein reiches Erbe nicht nur auf mathematischem Gebiet. Philosophie, Physik, Biologie, Geologie, Geschichte, Sprachwissenschaft, Jura und Technik wurden durch Leibniz stark beeinflußt. Es blieb späteren Generationen vorbehalten, dieses Erbe aufzuarbeiten. Norbert Wiener (1894—1964), der Begründer der Kybernetik, nennt Leibniz den Ahnherrn selbst dieser modernen Wissenschaft.

Die Ablehnung eines Professorentitels hielt Leibniz jedoch nicht davon ab, durch umfangreiche Bemühungen die Gründung der Akademie der Wissenschaften in Berlin zu erwirken. Die Entwicklung der Differentialrechnung durch Leibniz ist sehr anschaulich, denn die Beziehungen lassen sich geometrisch darstellen. Sein Weg soll im folgenden dargestellt werden. Dabei ist es vorteilhaft, daß Leibniz bereits vor mehr als 300 Jahren die meisten der Bezeichnungen einführte, die wir auch heute noch verwenden. Ein Umlernen ist erfreulicherweise nicht erforderlich.

## 4.2. Mutig experimentiert, spekuliert und schließlich noch bewiesen!

Für das Experiment zur Bestimmung des Anstiegs einer Kurve in einem Punkt mag die Funktion $y = 0{,}5\ x^2$ ihr Bild hergeben.
Es ist die uns bekannte Normalparabel $y = x^2$, deren Ordinaten auf die Hälfte reduziert werden müssen. Die Normalparabel ist in Ordinatenrichtung gestaucht oder, was das gleiche ist, in Abszissenrichtung gestreckt.
Experimentieren wir mit der Funktion in den Punkten $(1;\ 0{,}5)$ und $(2;\ 2)$, um dort den Anstieg der Tangente zu bestimmen, ja überhaupt die Tangente festzulegen.

LEIBNIZ ... VOR DER ENGL. AKADEMIE
DEUTSCHE WERTARBEIT, MAN SIEHT ES DOCH AN DER GRÖSSE!
HOFFENTLICH GEHT SIE DURCH DEN EINGANG...
?
MADE IN GERMANY
EW. EHREN, BETRACHTEN SIE BITTE DIE AUSGEWOGENE GESTALT!
??
WAS SOLL DENN DAS MONSTER?
4.1
LEIBNIZ VERSUCHT 3 + 4 = ? VORZURECHNEN, WOBEI ER SICH IM EIFER DEN FINGER QUETSCHT.
Auh
3 UND 4 SIND 6,98 WOBEI DAS AUF 7 AUFZURUNDEN IST.
UND DAS OHNE MASCHINE!

DIESE DEUTSCHEN!
...UND WIE NACKT ER AUSSIEHT!
HUUCH...
NA, NA, NA?
DIE PERÜCKE VON LEIBNIZ VERFÄNGT SICH ZWISCHEN DEN KUGELN!
!!
WAS GIBT? ? Ln $\sqrt[5]{\frac{3{,}42^2-6{,}82^2}{4{,}2}}$ ?
UNMÖG-LICH!
OB DIE DAS SELBST KÖNNEN? ? ? ? ?
ER RESIGNIERT UND PACKT DEN ABAKUS EIN!
DAS ERGIBT 0,029865
MISTER LEIBNIZ, DAS SIND DIE GUTEN BEZIEHUNGEN ZU JAPAN!
4/a

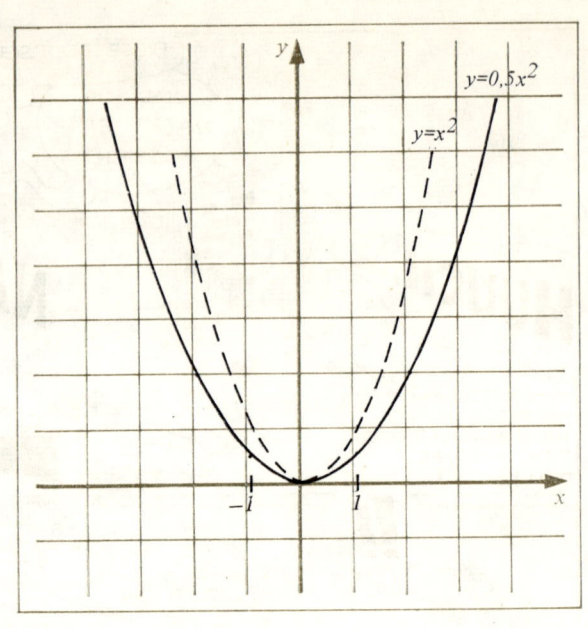

1. Im Punkt x = 1 ergibt sich $y_0(1) = 0{,}5 \cdot 1^2 = 0{,}5$. In einem Punkt ist jedoch kein Dreieck mehr vorhanden. Das »charakteristische Dreieck«, wie es Leibniz bezeichnet, bleibt uns beim direkten Hinschauen verborgen. Ein zweiter Punkt auf der Kurve ist vonnöten, um ein Steigungsdreieck erkennen zu können. Aus der Tangente wird dadurch jedoch eine Sekante, die unsere Kurve in den beiden Punkten schneidet. Es ist nur die Frage, wie aus der Sekante dann wieder die gewünschte Tangente wird. Die Sekante hat auf jeden Fall den unbezahlbaren Vorteil, daß ihr Anstieg mit Methoden aus der Elementarmathematik berechnet werden kann. Ein Beispiel soll das im einzelnen zeigen, bevor viele weitere Beispiele folgen werden. Vom Kurvenpunkt mit der Abszisse $x_0 = 1$ geht es 3 Koordinateneinheiten nach rechts. Dadurch wird der Punkt mit der Abszisse $x_1 = 4$ erreicht. Die Differenz der beiden Abszissenwerte wird mit $\Delta x$ bezeichnet:

$\Delta x = x_1 - x_0$.

Der Ordinatenwert kann in dem Punkt aus der Funktionsgleichung $y = 0{,}5\, x^2$ berechnet werden:

$y_1 = 0{,}5 \cdot 4^2 = 8$.

Die Differenz der Ordinaten ergibt sich zu

$\Delta y = y_1 - y_0 = 8 - 0{,}5 = 7{,}5$.

Mit $\Delta y$ ist die Gegenkathete im Steigungsdreieck und durch $\Delta x$ die zugehörige Ankathete festgelegt. Der Anstieg der Sekante läßt sich leicht berechnen,

$$\tan \alpha = \frac{\Delta y}{\Delta x} = 2{,}5 \rightarrow \alpha \sim 68{,}2°.$$

Leider weicht dieser Sekantenanstieg noch sehr von dem Tangentenanstieg ab. Um sie näher aneinander zu bringen, muß der Abstand $\Delta x$ verkleinert werden. Indem ein Lineal im Punkt $P_0$ von der Sekante über viele an $P_0$ auf der Kurve liegende Punkte gedreht wird, dreht sich die Sekante rein mechanisch in die Tangente. Das ist auch rechnerisch möglich und geht so lange gut, wie $\Delta x \neq 0$ ist. Erst wenn $\Delta x = 0$ ist und der Punkt $P_1$ auf $P_0$ zu liegen kommt, dann ist eine Berechnung nicht mehr möglich. Dann ist aber gerade die Tangente erreicht, die hier untersucht werden soll.

Da uns der Weg zu $\Delta x = 0$ versperrt ist, wird $\Delta x$ systematisch verkleinert. Das geschieht, indem die $\Delta x$-Werte eine Folge durchlaufen, die immer kleiner wird und den Grenzwert Null besitzt.

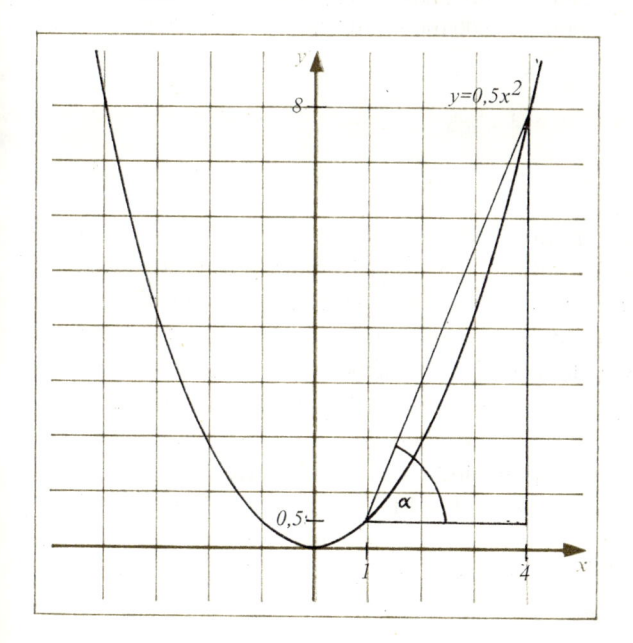

Von den Beobachtungen zum Grenzwert ist bekannt, daß der Wert Null in der Folge $\Delta x$ nicht enthalten sein muß. Wie verhält sich dabei aber der Quotient $\frac{\Delta y}{\Delta x}$? Er durchläuft ebenfalls eine Folge, deren Grenzwert, falls es einen solchen gibt, als Anstieg der Tangente geeignet ist. Doch genug der Rede.

Die Folge der x-Werte sei:

$\{3; 2; 1; 0,5; 0,2; 0,1; 0,01; 0,001; 0,0001; \ldots\}$.

Brechen wir beim 9. Glied der Zahlenfolge ab. Hier werden sich die Möglichkeiten der Berechnungen zeigen, selbst wenn sie mit einem Taschenrechner durchgeführt werden.

| | | | | | | Anstieg der Sekante $\dfrac{\Delta y}{\Delta x} =$ tan $\alpha$ | Steigungswinkel der Sekante $\alpha$ |
|---|---|---|---|---|---|---|---|
| $x_0$ | $\Delta x$ | $x_1 = x_0 + \Delta x$ | $y(x_0)$ | $y(x_1)$ | $\Delta y = y(x_1) - y(x_0)$ | | |
| 1 | 3,0000 | 4,0000 | 0,5000 | 8,000000 | 7,500000 | 2,5000 | 68,199° |
| 1 | 2,0000 | 3,0000 | 0,5000 | 4,500000 | 4,000000 | 2,0000 | 63,435° |
| 1 | 1,0000 | 2,0000 | 0,5000 | 2,000000 | 1,500000 | 1,5000 | 56,310° |
| 1 | 0,5000 | 1,5000 | 0,5000 | 1,125000 | 0,625000 | 1,2500 | 51,340° |
| 1 | 0,2000 | 1,2000 | 0,5000 | 0,720000 | 0,220000 | 1,1000 | 47,726° |
| 1 | 0,1000 | 1,1000 | 0,5000 | 0,605000 | 0,105000 | 1,0500 | 46,397° |
| 1 | 0,0100 | 1,0100 | 0,5000 | 0,510050 | 0,010050 | 1,0050 | 45,143° |
| 1 | 0,0010 | 1,0010 | 0,5000 | 0,501005 | 0,001005 | 1,0005 | 45,014° |
| 1 | 0,0001 | 1,0001 | 0,5000 | 0,500100 | 0,000100 | 1,0000 | 45,000° |
| | ↓ | | | | | ↓ | ↓ |
| | 0 | | | | | 1 ? | 45° ? |

Das Hineindrehen der Sekante in die Tangente, indem der Wert von $\Delta x$ kleiner wird, zeigt eine Abbildung, die einige Steigungsdreiecke enthält.

Zeigt die letzte Spalte der Tabelle nicht deutlich, daß sich die Sekante in die Tangente hineindreht und diese den Anstiegswinkel 45° hat? Das alles wird durch die Verkleinerung von $\Delta x$ bewirkt. Im Rahmen unserer Taschenrechnergenauigkeit wurde der Wert erreicht. Doch das reicht nicht aus, denn in der Theorie sind eben Sekanten und Tangenten zwei grundsätzlich verschiedene Begriffe. Und das mit Recht! Also ist die Vermutung, daß die Tangente im Punkt $x = 1$, $y = 0,5$ an der Kurve $y = 0,5\,x^2$ den Anstieg 1 oder den Anstiegswinkel von 45° besitzt, sehr wahrscheinlich, aber für einen die Exaktheit liebenden Mathematiker eben nur eine Spekulation.

Spekulieren wir in einem anderen Punkt auf die gleiche Weise.

2. $x_0 = 2$, woraus sich für $y_0 = 2$ ergibt, wenn für x der Wert zwei in $y = 0{,}5\ x^2$ eingesetzt wird.

Wie die nachfolgende Tabelle zeigt, kann mit hoher Wahrscheinlichkeit vermutet werden, daß der Anstieg in diesem Punkt für die Tangente den Wert 2 annimmt, was einem Winkel von etwa 63,4° entspricht. Wer soll den Unterschied zwischen Tangente und Sekante überhaupt noch messen? Doch auch diese Frage ändert nichts am Prinzip, daß der Anstieg der Tangente und der der Sekante bei einer Kurve grundsätzlich verschiedene Dinge sind.

| x | $\Delta x$ | $x_1 = x_0 + \Delta x$ | $y(x_0)$ | $y(x_1)$ | $y = y(x_n) - y(x_0)$ | Anstieg der Sekante $\dfrac{\Delta y}{\Delta x} = \tan \alpha$ | Steigungswinkel $\alpha$ |
|---|---|---|---|---|---|---|---|
| 2 | 3,0000 | 5,0000 | 2,0000 | 12,500 000 0 | 10,500 000 0 | 3,5000 | 74,055° |
| 2 | 2,0000 | 4,0000 | 2,0000 | 8,000 000 0 | 6,000 000 0 | 3,0000 | 71,565° |
| 2 | 1,0000 | 3,0000 | 2,0000 | 4,500 000 0 | 2,500 000 0 | 2,5000 | 68,199° |
| 2 | 0,5000 | 2,5000 | 2,0000 | 3,125 000 0 | 1,125 000 0 | 2,2500 | 66,038° |
| 2 | 0,2000 | 2,2000 | 2,0000 | 2,420 000 0 | 0,420 000 0 | 2,1000 | 64,537° |
| 2 | 0,1000 | 2,1000 | 2,0000 | 2,205 000 0 | 0,205 000 0 | 2,0500 | 63,997° |
| 2 | 0,0100 | 2,0100 | 2,0000 | 2,020 500 0 | 0,020 500 0 | 2,0050 | 63,492° |
| 2 | 0,0010 | 2,0010 | 2,0000 | 2,002 000 5 | 0,002 000 5 | 2,0005 | 63,441° |
| 2 | 0,0001 | 2,0001 | 2,0000 | 2,000 200 0 | 0,000 200 0 | 2,0000 | 63,435° |
| | ↓ 0 | | | | | ↓ 2 ? | ↓ 63,4° ? |

Nun endlich weg von den Spekulationen! Mit den Grenzwerten ist die exakte Lösung beider Beispiele möglich. Das soll geschehen. Im ersten Beispiel ergibt sich allgemein für den Anstieg der Sekante: (Sekante durch die Funktionspunkte (1; 0,5) und $(1 + \Delta x;\ 0{,}5\ (1 + \Delta x)^2)$)

$$\frac{\Delta y}{\Delta x} = \frac{0{,}5\ (1 + \Delta x)^2 - 0{,}5 \cdot 1^2}{\Delta x} = \frac{0{,}5\ (1 + 2\ \Delta x + \Delta x^2) - 0{,}5}{\Delta x}$$

$$= \frac{0{,}5 + \Delta x + 0{,}5\ \Delta x^2 - 0{,}5}{\Delta x}$$

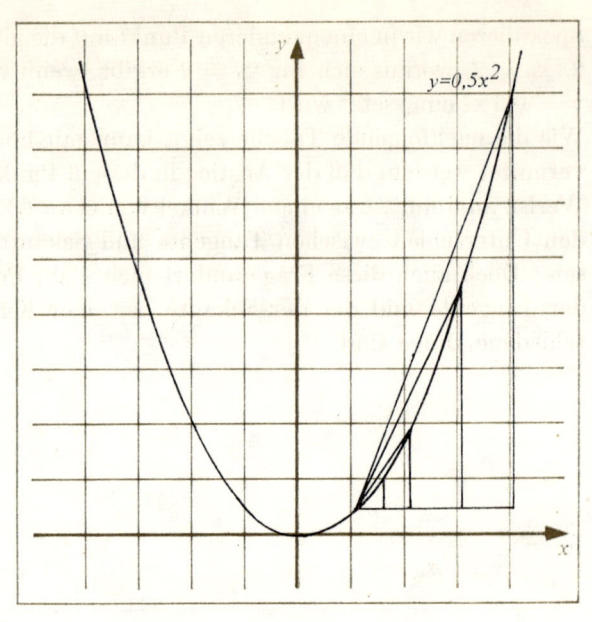

$$\frac{\Delta y}{\Delta x} = \frac{\Delta x + 0{,}5\,\Delta x^2}{\Delta x} = \frac{\Delta x\,(1 + 0{,}5\,\Delta x)}{\Delta x} = 1 + 0{,}5\,\Delta x.$$

Dieser Quotient ist so lange einwandfrei, wie $\Delta x \neq 0$ ist.
Das ist bei der Sekante immer gewährleistet. Theoretisch war dieser Lösungsweg bereits vorgedacht. Indem $\Delta x$ gegen Null geht, wird aus der Sekante die Tangente. Ihr Anstiegswinkel wurde mit $\alpha_0$ bezeichnet.

$$\tan \alpha_0 = \lim_{\Delta x \to 0} (1 + 0{,}5\,\Delta x) = 1$$

Damit wurde das Ergebnis unserer Vermutung bestätigt.
Auch im zweiten Punkt stimmt das Ergebnis mit dem erwarteten überein.

$$\frac{\Delta y}{\Delta x} = \frac{0{,}5\,(2 + \Delta x)^2 - 0{,}5 \cdot 2^2}{\Delta x} = \frac{0{,}5 \cdot 2^2 + 0{,}5 \cdot 4\,\Delta x + 0{,}5\,\Delta x^2 - 0{,}5 \cdot 2^2}{\Delta x}$$

$$= \frac{\Delta x\,(2 + 0{,}5\,\Delta x)}{\Delta x}$$

$$\frac{\Delta y}{\Delta x} = 2 + 0{,}5\,\Delta x$$

$$\tan \alpha_0 = \lim_{\Delta x \to 0} (2 + 0{,}5\,\Delta x) = 2$$

Abgesehen davon, daß nur die Ergebnisse bei Verwendung des Grenzwertes exakt sind, ist die Berechnung des Tangentenanstiegs oder, besser, die Vermutung seines Wertes mit den vielzeiligen Tabellen viel zu aufwendig. Das wurde hier demonstriert, um die Anschaulichkeit so weit wie möglich zu sichern. Der Weg ist damit schon klar. Leibniz tat nichts anderes, als hier gezeigt wurde. Lesen wir deswegen noch einmal das im vorigen Abschnitt angegebene Zitat, so wird es um so schneller gelingen, den Kern der romanhaften Darstellung zu erkennen.

Das Prinzip wurde an einer speziellen Funktion demonstriert. Doch bei der allgemeinen Funktion, dargestellt durch $y = f(x)$, wird sich nichts ändern. Mit den Bezeichnungen, die Leibniz bereits vor mehr als 300 Jahren verwendete, soll die Lösung des Tangentenproblems im nächsten Abschnitt noch einmal dargestellt werden. Die Schritte werden sich dabei genauso wiederholen.

## 4.3. Auch das Tangentenproblem wird gelöst

An die Funktion $y = f(x)$ soll im Punkt mit der Abszisse $x_0$ die Tangente angelegt werden.

Der zugehörige Ordinatenwert berechnet sich aus der Funktionsgleichung, in die für x der Wert $x_0$ eingesetzt wird. Dieser Funktionswert wird durch $y_0$ gekennzeichnet; somit hat dieser Tangentenpunkt auf der Kurve die Koordinaten

$P_0(x_0; y(x_0))$  oder  $P_0(x_0; y_0)$.

Es sind nun zwei Fragen zu beantworten:

1. Wann hat ein Punkt auf der Funktionskurve eine Tangente?
2. Wie wird der Anstieg der Tangente berechnet?

Um zunächst einmal eine Antwort auf die zweite Frage zu finden, wird ein zweiter Punkt auf der Kurve gewählt, dessen Abszisse einen Abstand $\Delta x$ von $x_0$ hat. Sie wird durch $x_1$ bezeichnet.

$x_1 = x_0 + \Delta x \rightarrow \Delta x = x_1 - x_0$

Da beide Punkte verschiedene Kurvenpunkte bezeichnen, gilt immer

$\Delta x \neq 0$.

Der zu $x_1$ gehörende Ordinatenwert berechnet sich wieder aus der speziell vorgegebenen Funktionsgleichung zu

$y_1 = f(x_1)$   $P_1(x_1; y(x_1))$.

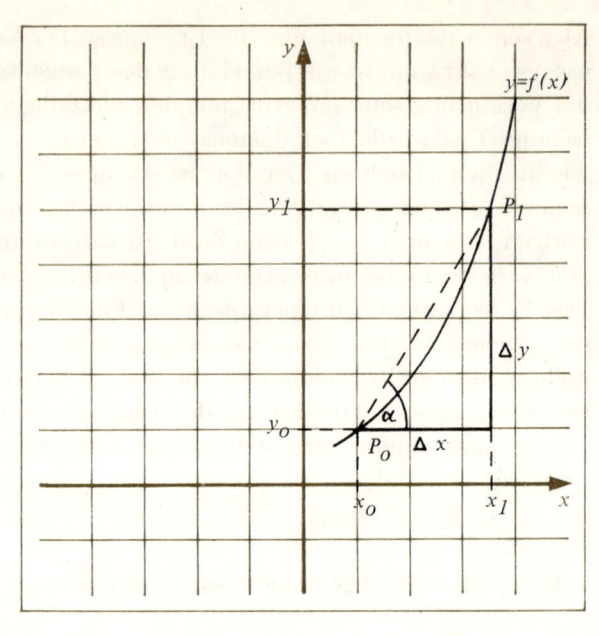

Somit kann aus der parallel zu den Koordinatenachsen verlaufenden Gegenkathete ($\Delta y$) und der Ankathete ($\Delta x$) der Anstieg der Sekante durch die Kurvenpunkte $\overline{P_0 P_1}$ berechnet werden. Das Steigungsdreieck ist immer rechtwinklig, da sich alles in einem rechtwinkligen Koordinatensystem abspielt:

$$\tan \alpha = \frac{\Delta y}{\Delta x} = \frac{y_1 - y_0}{x_1 - x_0} \qquad \text{mit } \Delta x \neq 0.$$

Dieser Quotient aus den Differenzen der Ordinatenwerte durch die Differenz der Abszissenwerte heißt Differenzenquotient. Er gibt immer den Anstieg einer Sekante durch zwei Kurvenpunkte an.

Der Grenzwert des Differenzenquotienten wird gebildet, indem der Abszissenabstand der Punkte $P_0$ und $P_1$ ständig verkleinert wird. Ein variabler Punkt auf der Kurve, der die Koordinaten $(x; y(x))$ hat, rutscht sichtbar dem Punkt entgegen. Dadurch dreht sich die Sekante auch im Bild recht anschaulich in die Richtung der Tangente.

Es heißt, daß der Grenzwert des Differenzenquotienten, falls er existiert (!), geometrisch der Anstieg der Tangente im Punkt $(x_0; y_0)$ ist. Diesem Anstieg der Tangente im Punkt $(x_0; y_0)$ wurde die Bezeichnung Ableitung der Funktion $y = f(x)$ an der Stelle $x_0$ gegeben. Indem der Grenzwert bestimmt wurde, ist die Funktion also abgeleitet oder differenziert worden. Damit erfolgte unbewußt, da die Bezeichnung hier nur nach-

getragen wurde, eine Operation in der Differentialrechnung. Und da steht auch die Antwort auf die erste der am Anfang aufgeworfenen Fragen.
Wann hat ein Punkt auf der Funktionskurve eine Tangente?
Die Kurve hat in einem Punkt eine Tangente, wenn sich dort ihre Ableitung bilden läßt, was wieder nichts anderes heißt, als daß dort der Grenzwert des Differenzenquotienten existiert.
Klar ist, daß die Funktion in diesem Punkt notwendigerweise stetig sein muß. Ist eine Funktion in einem Punkt nicht definiert, so ist es dort unsinnig, nach einer Ableitung zu suchen. Damit wären Lücken als ungeeignete Punkte für Differentiationsversuche auszuklammern. In Sprungstellen kann es zwar Grenzwerte des Differenzenquotienten geben, jedoch stimmen diese nicht überein, da sie von der Wahl der Folge $\{\Delta x\}$ abhängen. Nach der Definition der Grenzwerte für Funktionen existiert in Fällen der fehlenden Übereinstimmung ebenfalls kein Grenzwert.
Die Bedingung der Stetigkeit in einem Punkt ist jedoch nicht aus- oder hinreichend. An Stellen, die hier durch »Ecken« anschaulich charakterisiert werden sollen, existiert kein Grenzwert. In Abhängigkeit davon, auf welchem Wege, von welcher Seite also, sich die Folge $\{\Delta x\}$ dem Eckenpunkt nähert, gibt es zwei unterschiedliche Grenzwerte. Die Ableitung einer Funktion kann in Ecken nicht gebildet werden.
Die Funktion $y = |x|$ hat in allen Punkten $x > 0$ den Anstieg $+1$, in den

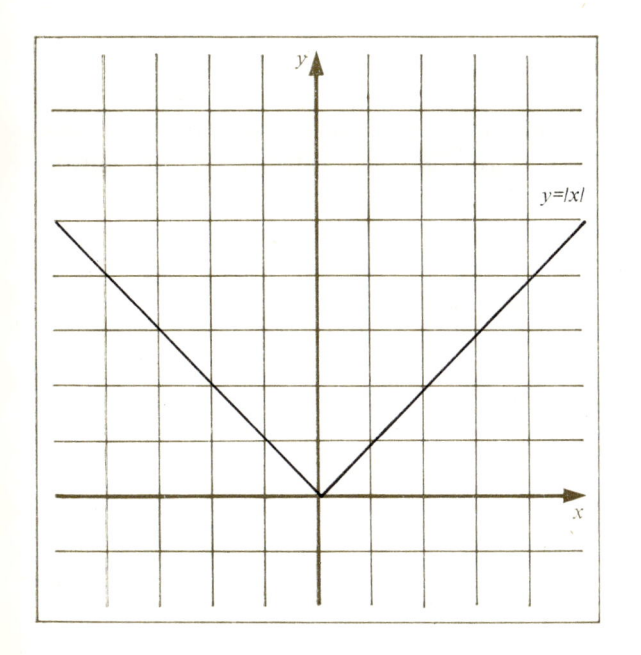

Punkten x < 0 den Anstieg −1 und bei x = 0 keine Ableitung. Funktionen sind demzufolge in einem Punkt nur dann differenzierbar, wenn links- und rechtsseitiger Grenzwert des Differenzenquotienten existieren und auch übereinstimmen.

Die Funktion muß selbstverständlich in den Punkten, in denen die Ableitung gebildet werden soll, definiert sein.

Eine Funktion, die in allen Punkten ihres Definitionsbereiches differenzierbar ist, wird kurz als differenzierbare Funktion bezeichnet. Differenzierbare Funktionen sind automatisch auch stetige Funktionen. Nicht alle stetigen Funktionen sind zwangsläufig auch differenzierbare Funktionen, wie das Beispiel y = |x| zeigt. Die Differenzierbarkeit ist also eine weitergehende oder eine höhere Forderung als die Stetigkeit.

Funktionen, die sich in der Form

$$y = a_n x^n + a_{n-1} x^{n-1} + \cdots + a_1 x + a_0$$

mit reellen konstanten Zahlen $a_i$ darstellen lassen (ganzrationale Funktionen), sind grundsätzlich in allen Punkten ihres Definitionsbereiches differenzierbar. Bei der Berechnung der Funktionswerte tritt x nur bei Additionen, Subtraktionen oder Multiplikationen (Potenzieren wird dabei als spezielle Multiplikation gleicher Faktoren betrachtet) auf.

Die Ableitung im Punkt (x, f(x)) der Funktion y = f(x) ergibt sich aus dem Grenzwert

$$\lim_{\Delta x \to 0} \frac{f(x + \Delta x) - f(x)}{\Delta x} .$$

Die Ableitung wird mit y′ bezeichnet und ist, von einem festen Punkt ausgehend, ein konstanter Wert. Wird von einem beliebigen Punkt mit der Abszisse x ausgegangen, so entsteht in der Regel wieder eine Funktion, die sogenannte abgeleitete Funktion y′(x), deren Wert von x abhängt, das eingesetzt wird.

Die Ableitungsfunktion gibt den jeweiligen Wert der Ableitung in Abhängigkeit von der betrachteten Stelle an. Das ist sehr vorteilhaft, denn somit entfällt die Grenzwertbildung an mehreren Punkten bei ein und derselben Funktion. Es genügt so, den Grenzwert im Punkt (x, f(x)) zu bestimmen.

Und damit folgt die zweite Antwort. Sie ist die Antwort auf die Frage, wie der Anstieg einer Tangente berechnet wird.

Die Ableitung in einem Punkt bestimmt geometrisch den Anstieg der Tangente. Der Winkel $\alpha_0$ läßt sich aus der Beziehung

$$y' = \tan \alpha_0$$

bestimmen. Das ist die bekannte Beziehung, um vom Anstieg zum zugehörigen Anstiegswinkel zu gelangen.

Da eine Gerade durch die Angabe eines Punktes (Tangentenpunkt auf der Funktionskurve) und einer Richtung (Anstieg der Tangente in diesem Punkt) eindeutig festliegt, kann in jedem Punkt die Tangentengleichung berechnet werden. Es muß dort nur der Grenzwert des Differenzenquotienten existieren.

Beispiel: Wie heißt die Ableitung der Funktion $y = 0{,}1\,x^2 - 2\,x + 4$?
Der Punkt $P_0$ auf der Kurve hat die Koordinaten $(x;\, 0{,}1\,x^2 - 2\,x + 4)$, ein variabler Punkt P auf der Kurve die Koordinate:

$(x + \Delta x;\, 0{,}1\,(x + \Delta x)^2 - 2\,(x + \Delta x) + 4)$.

Der dazugehörige Differenzenquotient:

$$\frac{\Delta y}{\Delta x} = \frac{0{,}1\,(x + \Delta x)^2 - 2\,(x + \Delta x) + 4 - (0{,}1\,x^2 - 2\,x + 4)}{\Delta x}$$

$$= \frac{0{,}1\,(x^2 + 2\,x\,\Delta x + \Delta x^2) - 2\,x - 2\,\Delta x + 4 - 0{,}1\,x^2 + 2\,x - 4}{\Delta x}$$

$$= \frac{0{,}1\,x^2 + 0{,}2\,x\,\Delta x + 0{,}1\,\Delta x^2 - 2\,x - 2\,\Delta x + 4 - 0{,}1\,x^2 + 2\,x - 4}{\Delta x}$$

$$= \frac{0{,}2\,x\,\Delta x + 0{,}1\,\Delta x^2 - 2\,\Delta x}{\Delta x} = \frac{\Delta x\,(0{,}2\,x + 0{,}1\,\Delta x - 2)}{\Delta x}$$

$$= 0{,}2\,x + 0{,}1\,\Delta x - 2.$$

Der Grenzwert des Differenzenquotienten:

$\lim_{\Delta x \to 0} (0{,}2\,x + 0{,}1\,\Delta x - 2) = 0{,}2\,x - 2$

$y' = 0{,}2\,x - 2$.

Das ist die gewünschte abgeleitete Funktion, die in Abhängigkeit von der jeweiligen Stelle den Anstieg angibt.

Beispielsweise hat die Funktion $y = 0{,}1\,x^2 - 2\,x + 4$ an der Stelle $x = 15$ den Ableitungswert

$y'(15) = 0{,}2 \cdot 15 - 2 = 1$.

Das ergibt einen Anstiegswinkel an der Stelle $x = 15$ von $45°$. An der Stelle $x = 5$ ist

$y'(5) = 0{,}2 \cdot 5 - 2 = 1 - 2 = -1$.

Dem entspricht ein Anstiegswinkel von 135°.

Das ist die erste Grundaufgabe, die sich durch die Differentialrechnung lösen läßt: Es sind eine Funktion und eine Stelle gegeben, an der dann der Anstieg ermittelt werden soll.

Die zweite Aufgabe erfordert die Bestimmung der Stelle, wenn die Funktion und ein fester Wert der Ableitung vorgegeben sind. Zum dritten lassen sich Parameter der Funktion bestimmen, wenn Ableitung und zugehörige Stelle oder Stellen gegeben sind. Zu den beiden letzten Problemkreisen jeweils ein Beispiel.

An welcher Stelle hat die Funktion $y = 3x^2 - 4x + 5$ den Anstiegswinkel 45°?

$$\tan 45° = 1 = y'$$

$$1 = \lim_{\Delta x \to 0} \frac{3(x+\Delta x)^2 - 4(x+\Delta x) + 5 - (3x^2 - 4x + 5)}{\Delta x}$$

$$= \lim_{\Delta x \to 0} \frac{3x^2 + 6x\,\Delta x + 3\,\Delta x^2 - 4x - 4\,\Delta x + 5 - 3x^2 + 4x - 5}{\Delta x}$$

$$= \lim_{\Delta x \to 0} \frac{6x\,\Delta x + 3\,\Delta x^2 - 4\,\Delta x}{\Delta x} = \lim_{\Delta x \to 0} (6x + 3\,\Delta x - 4) = 6x - 4$$

Die Auflösung der Gleichung nach x führt zu der gesuchten Stelle

$$1 = 6x - 4$$

$$6x = 5$$

$$x = \frac{5}{6}$$

mit dem zugehörigen Ordinatenwert, der sich aus der Funktionsgleichung berechnet:

$$y = 3\left(\frac{5}{6}\right)^2 - 4 \cdot \frac{5}{6} + 5 = \frac{75}{36} - \frac{20}{6} + 5 = \frac{135}{36} = \frac{15}{4}.$$

Im Punkt $\left(\frac{5}{6}; \frac{15}{4}\right)$ hat die Funktion $y = 3x^2 - 4x + 5$ einen Tangentenanstieg von 1, bildet also mit der positiven Richtung der x-Achse einen Winkel von 45°.

Zum Schluß ein Beispiel aus dem dritten Problemkreis.

Wie muß der Parameter p gewählt werden, damit die Funktion

$y = x^2 - px + 2$ an der Stelle $x = 2$ eine Tangente hat, die parallel zur x-Achse verläuft? Parallelität zur x-Achse bedeutet einen Anstiegswinkel von $0°$. Da $\tan 0° = 0$ ist, ergibt sich für den Anstieg an der Stelle $x = 2$ der Wert Null.

$y'(2) = 0$

Die Ableitung der Funktion wird vorgenommen, als wäre der Parameter p bereits bekannt.

$$y' = \lim_{\Delta x \to 0} \frac{(x + \Delta x)^2 - p(x + \Delta x) + 2 - x^2 + px - 2}{\Delta x}$$

$$= \lim_{\Delta x \to 0} \frac{2x\,\Delta x + \Delta x^2 - p\,\Delta x}{\Delta x} = \lim_{\Delta x \to 0} (2x - p + \Delta x)$$

$y' = 2x - p$

Nun muß p so bestimmt werden, daß die gegebene Bedingung erfüllt ist:

$0 = 2 \cdot 2 - p$  (die Stelle 2 wird für x eingesetzt),

$0 = 4 - p$, daraus folgt für p der Wert 4.

Somit muß die Funktion $y = x^2 - 4x + 2$ heißen.

Die Prüfung der Bedingung sollte nicht schwerfallen, denn das führt auf die erste der beiden Aufgabenstellungen zurück.

Das war eine schwere Arbeit! Doch genug der Theorie. Der Lohn für diese Anstrengungen ist ein grundsätzliches Verstehen der Problemstellung – damit haben wir eine Grundlage für die praktische Anwendung! Bedenken wir, daß es für uns nun möglich sein wird, die Dynamik der uns umgebenden Prozesse zu erfassen. Dafür lohnte sich die Anstrengung gewiß.

# Infinitesimalrechnung ist mehr als differenzieren und integrieren

## 5.1. An Extremstellen ist der Anstieg Null

Wer sucht nicht das Optimum in allen Lebensfragen zu erreichen? Da ist mit minimalem Einsatz ein maximaler Erfolg zu erzielen, da ist mit minimaler Schlafzeit die maximale Erholung oder mit kleinster Gartenfläche der höchste Ertrag zu erreichen, das natürlich mit geringster Anstrengung, da sich sonst die persönliche Körpermasse minimieren würde. Doch wer kennt die Erfolgsfunktion, die Schlaffunktion, die Ertragsfunktion seines Gartens oder die Funktion, die eingesetzte Mühe berechnen läßt? Leider sind diese Funktionen unbekannt. Damit entziehen sie sich einer Optimierung durch Flucht. Doch es gibt bekannte Funktionen. Der Mathematiker bezeichnet Funktionen allgemein mit

$y = f(x)$.

Wo haben die Funktionen ein Maximum und wo ein Minimum?
Zunächst einmal – was ist überhaupt ein Maximum oder ein Minimum einer Funktion?
Das absolute Maximum der abgebildeten Funktion, ein unbegrenztes Wachsen für größer werdende x vorausgesetzt, ist nicht anzugeben. Wie aus der Skizze vermutet werden kann, wachsen die Funktionswerte mit den Abszissenwerten. Ein absolutes Minimum der Funktion ist aus dem gleichen Grund nicht festzustellen. Im Wert $x_1$ ist jedoch der Funktionswert größer als in allen Funktionswerten in einer geeignet festgesetzten Umgebung. Der Funktionswert bei $x_2$ ist kleiner als die Funktionswerte in einer geeignet gewählten Umgebung. Derartige Stellen werden als relative oder lokale Extremstellen bezeichnet.
Für ein Maximum gilt

$f(x_{max}) > f(x)$,

und für ein Minimum gilt

$f(x_{min}) < f(x)$,

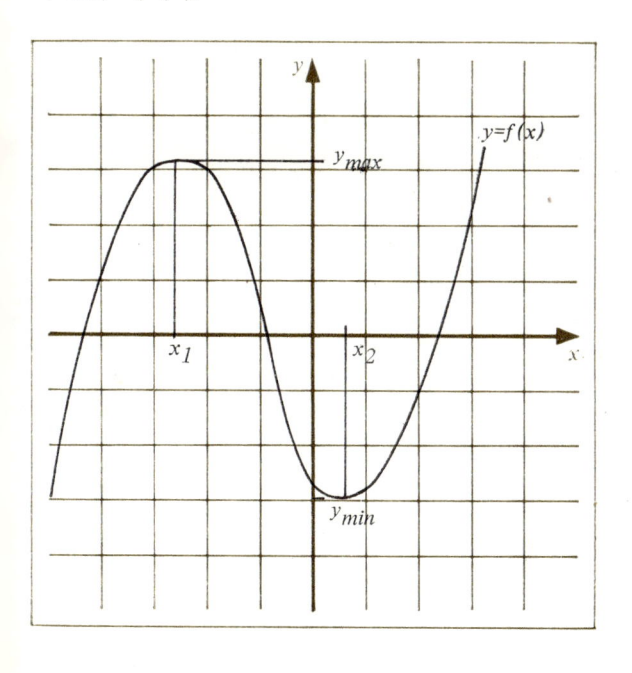

wenn $x \neq x_{max}$ und $x \neq x_{min}$ ist und x in einer geeignet gewählten Umgebung des Extremums liegt.
In den so gewählten Umgebungen sind die Extremstellen auch die absolut größten bzw. absolut kleinsten Funktionswerte.
Ein Satz des deutschen Mathematikers Karl Weierstraß (1815–1897) besagt, daß eine Funktion, die zwischen zwei Werten a und b des Definitionsbereiches der reellen Zahlen und in diesen beiden Werten selbst stetig ist, im Intervall [a, b] einen größten und einen kleinsten Funktionswert annimmt. Würde dieser Satz für eine endliche Menge von Funktionswerten ausgesprochen, so löste diese Selbstverständlichkeit bei Nichtmathematikern nur ein leichtes Grinsen aus.

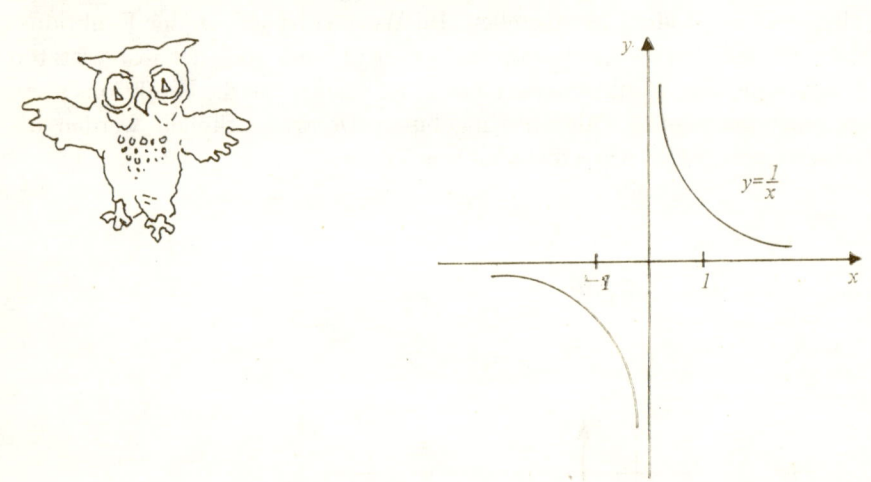

Doch wie gefährlich es ist, diese für endliche Werte selbstverständliche Aussage auf das Verhalten von unendlichen Funktionswerten zu übertragen, zeigt die Funktion $y = \dfrac{1}{x}$, wenn für x gilt $-1 \leq x \leq 1$. Für $x = 0$ wird die Bedingung der Stetigkeit in nicht allen Zwischenpunkten erfüllt. So ist es kein Wunder, wenn nicht das eintritt, was Weierstraß nur bei Erfüllung der Voraussetzungen bewiesen hat. Eine ganzrationale Funktion, die bereits weiter vorn im Text als stetig für alle reellen Zahlen erkannt wurde, muß demzufolge kein absolutes Maximum oder Minimum haben, denn für die Menge der reellen Zahlen läßt sich kein Randpunkt angeben. Die Menge der reellen Zahlen ist nach oben und unten unbegrenzt.
Es lassen sich jedoch für jede durch linken und rechten Randpunkt abgeschlossene Teilmenge ein relatives Minimum und Maximum benennen.

Bleiben wird dabei, daß in einer geeigneten Umgebung eines Extremums $x \neq x_{max}$ oder $x \neq x_{min}$ ist und bei einem Minimum der Funktionswert

$f(x_{min}) < f(x)$,

bei einem Maximum der Funktionswert

$f(x_{max}) > f(x)$ ist.

Das bedeutet nun wieder in einem Maximum und seiner Umgebung:

$f(x) - f(x_{max}) < 0$.

Für rechts von $x_{max}$ liegende $x_R$ ist

$x_R - x_{max} > 0$.

Die zugehörigen Differenzenquotienten haben eines gemeinsam. Sie sind, da der Zähler negativ und der Nenner positiv ist, stets negativ:

$$\frac{f(x_R) - f(x_{max})}{x_R - x_{max}} < 0.$$

Für links von $x_{max}$ liegende $x_L$ ist

$x_L - x_{max} < 0$.

Die dazugehörigen Differenzenquotienten haben stets eines gemeinsam, sie sind, da der Zähler negativ und der Nenner negativ ist, stets positiv:

$$\frac{f(x_L) - f(x_{max})}{x_L - x_{max}} > 0.$$

Wenn der Grenzwert des Differenzenquotienten existiert, so muß er, da der von rechts kommende stets negativ und der von links kommende stets positiv ist, zwangsläufig den Wert Null haben.
Ähnliche Überlegungen für ein Minimum führen zum gleichen Ergebnis, wobei nur die Seiten der Ungleichung vertauscht werden müssen.
Typisch ist für Extremstellen, daß in diesen Punkten die Tangenten parallel zur x-Achse liegen. Nach der Definition der Ableitung ist es für das Vorliegen eines Extremums notwendig, daß die erste Ableitung der zugehörigen Funktion Null wird. Dabei wird stillschweigend die Voraussetzung akzeptiert, daß die Funktion in diesem Punkt differenzierbar ist, also der Grenzwert des Differenzenquotienten existiert.
Wo liegen mögliche Extremwerte der Funktion?

$y = 2x^3 - 3x^2 - 12x$

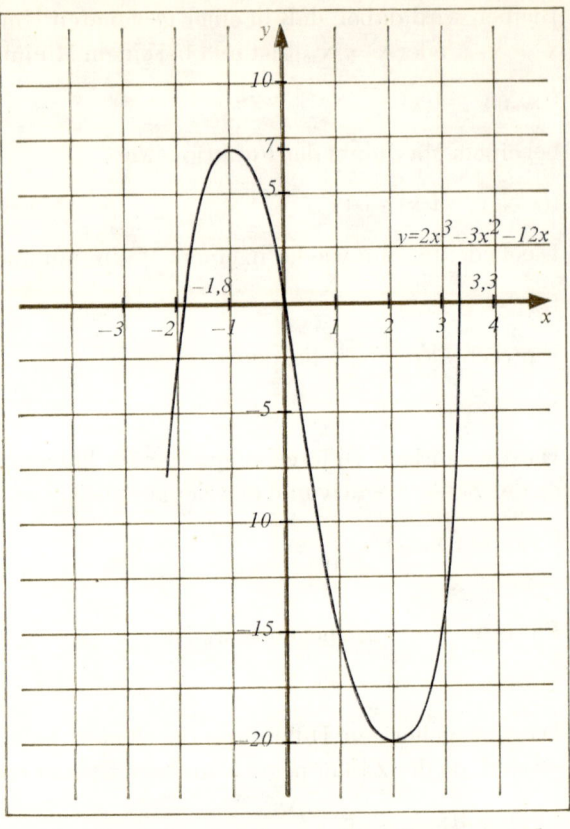

Dazu wird die 1. Ableitung der Funktion bestimmt. Der Grenzwert des zugehörigen Differenzenquotienten ergibt die Ableitungsfunktion.

$$y' = \lim_{\Delta x \to 0} \frac{2(x + \Delta x)^3 - 3(x + \Delta x)^2 - 12(x + \Delta x) - 2x^3 + 3x^2 + 12x}{\Delta x}$$

$$y' = \lim_{\Delta x \to 0} \frac{6x^2 \Delta x + 6x \Delta x^2 + 2 \Delta x^3 - 6x \Delta x - 3 \Delta x^2 - 12 \Delta x}{\Delta x}$$

$$y' = \lim_{\Delta x \to 0} (6x^2 + 6x \Delta x + 2 \Delta x^2 - 6x - 3 \Delta x - 12)$$

$$y' = 6x^2 - 6x - 12$$

An welchen Stellen ist die Ableitung nun Null?
Setzen wir sie deswegen Null, um die verdächtigen Stellen zu finden?
Das führt auf eine quadratische Gleichung:

$$6x^2 - 6x - 12 = 0.$$

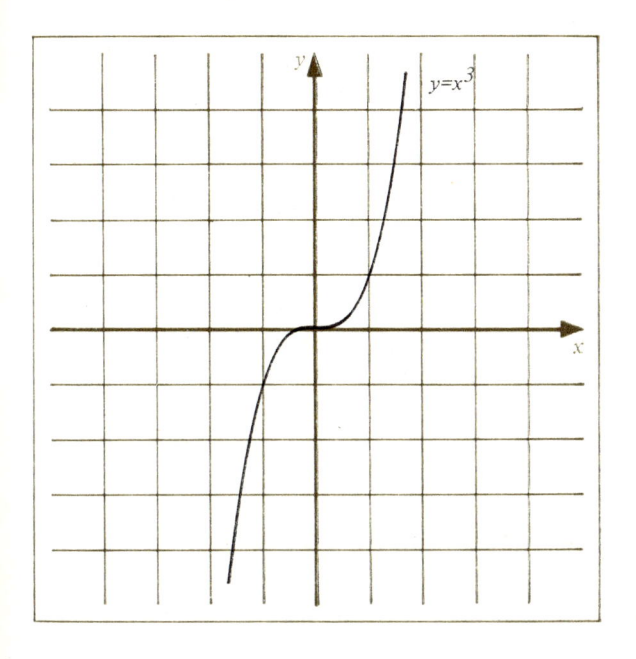

Die Normalform $x^2 - x - 2 = 0$ ergibt, in die Lösungsformel[21] eingesetzt,

$$x_{1/2} = \frac{1}{2} \pm \sqrt{\frac{1}{4} + 2} = \frac{1}{2} \pm \sqrt{\frac{9}{4}}$$

$x_1 = 2$ und $x_2 = -1$.

Notwendig für das Vorliegen einer Extremstelle ist also, daß der Abszissenwert, in die 1. Ableitung eingesetzt, Null ergibt. Das heißt, die Tangente liegt in einer Extremstelle parallel zur x-Achse. Liegt jedoch immer eine Extremstelle auf der Kurve, wenn die 1. Ableitung Null ist?
Zur Prüfung dieser Frage wird die Funktion $y = x^3$ herangezogen.

---

21  Lösung einer quadratischen Gleichung:

$Ax^2 + Bx + C = 0$    $\qquad A \neq 0$

$x^2 + \dfrac{B}{A}x + \dfrac{C}{A} = 0$    $\qquad \dfrac{B}{A} = p \quad \dfrac{C}{A} = q$.

$x^2 + px + q = 0$

$x_{1/2} = -\dfrac{p}{2} \pm \sqrt{\left(\dfrac{p}{2}\right)^2 - q}$.

$$y' = \lim_{\Delta x \to 0} \frac{(x + \Delta x)^3 - x^3}{\Delta x} = \lim_{\Delta x \to 0} \frac{3 x^2 \Delta x + 3 x \Delta x^2 + \Delta x^3}{\Delta x}$$

$$= \lim_{\Delta x \to 0} (3 x^2 + 3 x \Delta x + \Delta x^2) = 3 x^2$$

Die 1. Ableitung ist Null, wenn $x = 0$ eingesetzt wird. Ein Blick auf die Zeichnung des Funktionsbildes zeigt aber, daß an der Stelle $x = 0$ gewiß kein Extremum vorliegt. Zwar verläuft die Tangente hier parallel zur x-Achse, jedoch ist weder ein Minimum noch ein Maximum festzustellen. In Übereinstimmung mit unserer Umgangssprache heißt es, daß die Bedingung für ein Extremum $y' = 0$ zwar notwendig, aber nicht hinreichend (ausreichend) ist. Es gibt zwar kein Extremum, in dem die Tangente nicht waagerecht liegt, aber es gibt Stellen mit waagerechten Tangenten, die keine Extremstellen sind. Das wurde an der Funktion $y = x^3$ im Punkt $x = 0$ sichtbar.

Welche Bedingung macht das Vorliegen einer Extremstelle zur Gewißheit? An dieser Stelle trennen sich auch Leibniz und Newton. Newton blieb in seinen Untersuchungen bei der notwendigen Bedingung eines Extremums

$$y' = 0$$

stehen. Leibniz ging bereits in seiner 1684 erschienenen Veröffentlichung »Nova methodus ...« über diese notwendige Bedingung hinaus, indem er feststellte, wann ein Maximum und wann ein Minimum auftritt. Dazu ist es notwendig, einen neuen Begriff einzuführen. In diesem Abschnitt wurde schon statt Ableitung präziser von der 1. Ableitung gesprochen. Wird die 1. Ableitung abgeleitet, so trägt sie den Namen 2. Ableitung. Sie wird mit $y''$ bezeichnet. Die Ableitung der 2. Ableitung ergibt die 3. usw. Der Begriff der 2. Ableitung wird benötigt, um die hinreichende Bedingung für ein Extremum formulieren zu können.

Mit etwas Mut wird zunächst die 2. Ableitung der Funktion gebildet.

$y = 2 x^3 - 3 x^2 - 12 x$

$y' = 6 x^2 - 6 x - 12$

wurde bereits als 1. Ableitung bestimmt.

$$y'' = \lim_{\Delta x \to 0} \frac{6 (x + \Delta x)^2 - 6 (x + \Delta x) - 12 - 6 x^2 + 6 x + 12}{\Delta x}$$

$$y'' = \lim_{\Delta x \to 0} \frac{6 x^2 + 12 x \Delta x + 6 \Delta x^2 - 6 x - 6 \Delta x - 12 - 6 x^2 + 6 x + 12}{\Delta x}$$

$$y'' = \lim_{\Delta x \to 0} (12x + 6\Delta x - 6)$$

$$y'' = 12x - 6$$

Bei $x_1 = 2$ ergibt sich, wenn in die 2. Ableitung für x der Wert eingesetzt wird, die positive 2. Ableitung

$$y''(2) = 24 - 6 > 0.$$

Bei $x_2 = -1$ ergibt sich, wird der Wert in die 2. Ableitung eingesetzt, eine negative Zahl

$$y''(-1) = -12 - 6 < 0.$$

Ohne Beweis sei hier formuliert:
Notwendige Bedingung für das Vorliegen eines Extremums ist, daß an diesen Stellen die 1. Ableitung Null ist.
Hinreichend für ein Maximum ist, daß der so berechnete Wert, in die 2. Ableitung eingesetzt, einen negativen Wert ergibt.[22]
Hinreichend für ein Minimum ist, daß der so berechnete Wert, in die 2. Ableitung eingesetzt, einen positiven Wert ergibt.
Ergibt sich für einen Wert, bei dem die 1. Ableitung Null ist, in der 2. Ableitung ebenfalls Null, so muß kein Extremum vorliegen.
Beispiel: Für $y = x^3$ und $y' = 3x^2$ wird an der Stelle $x = 0$ auch die 2. Ableitung Null.

$$y'' = \lim_{\Delta x \to 0} \frac{3(x + \Delta x)^2 - 3x^2}{\Delta x} = \lim_{\Delta x \to 0} \frac{6x \Delta x + 3\Delta x^2}{\Delta x}$$

$$= \lim_{\Delta x \to 0} (6x + 3\Delta x) = 6x$$

Wie leicht zu erkennen ist, ergibt sich Null, wenn in der 2. Ableitung für x Null eingesetzt wird. Da die hinreichende Bedingung nicht erfüllt ist, muß gar kein Extremum vorliegen, auch wenn die notwendige Bedingung erfüllt ist.

Zusammenfassung:
Die Bedingung für ein Extremum an der Stelle $x_E$ lautet
notwendige Bedingung:

$$y'(x_E) = 0,$$

---

[22] Bei der Begründung der notwendigen Bedingung für ein Maximum ging der Wert der 1. Ableitung von positiven Werten in negative Werte über. Für weiter rechts liegende Werte wird die 1. Ableitung also kleiner. Die Änderung der 1. Ableitung kann durch die 2. Ableitung erfaßt werden. Aus diesem Grunde hat die 2. Ableitung für ein Maximum einen negativen Wert.

hinreichende Bedingung:

$y''(x_E) < 0$, das Extremum ist ein Maximum,

$y''(x_E) > 0$, das Extremum ist ein Minimum,

$y''(x_E) = 0$, in diesem Fall ist keine Entscheidung über das Vorliegen eines Extremums möglich.

Man geht bei der Bestimmung von Extrempunkten einer Funktion folgendermaßen vor:

1. Die 1. Ableitung wird gebildet.
2. Die 1. Ableitung y' wird Null gesetzt.
3. Die zugehörige Bestimmungsgleichung wird nach x aufgelöst.

Damit stehen die Kandidaten fest, die für mögliche Extremstellen in Frage kommen.

4. Die 2. Ableitung y'' wird aus der 1. Ableitung bestimmt.
5. Die möglichen Extremstellen werden an der Stelle von x in die 2. Ableitung eingesetzt. Damit wird geklärt, ob ein Maximum oder ein Minimum vorliegt. Ergibt sich allerdings der Wert Null, so ist über das Vorliegen eines Extremums vorerst keine Aussage zu machen.

## 5.2. Das Hühnerhofproblem

Das Hühnerhofproblem ist hier der Codename für eine Entscheidung, wie mit 100 laufenden Metern Maschendraht eine möglichst große Fläche zur Hühnerhaltung eingezäunt werden kann. Ein erster Hühnerhalter wählt die Seitenlängen 5 m × 45 m, nutzt seinen Draht damit aus und erhält eine Fläche von 225 m².

Ein zweiter nutzt mit 20 m × 30 m ebenfalls die 100 m aus und erreicht mit 600 m² einen wesentlich besseren Wert. Und ein dritter erzielt sogar 625 m², indem er eine quadratische Fläche von 25 m × 25 m einzäunt. Im Bemühen, diesen Wert des dritten, der ein Mathematiker im Nebenberuf gewesen sein muß, zu überbieten, soll ein Kleintierhalter den Versuch unternommen haben, einen kreisförmigen Hühnerhof zu bauen. Theoretisch ergeben sich zwar aus

$$U = 2\pi r$$

eine Fläche von 795,775 m² und ein Radius von 15,92 m, doch soll sich kein Zaunbauer gefunden haben, der aus Maschendraht einen Kreis gezogen hat.

Mit dem hier angegebenen Hühnerhofproblem wird ein ganz einfaches Beispiel für ein isoperimetrisches Problem genannt – isoperimetrische Figuren der Ebene sind solche mit gleichem Umfang, in einem Raum, Körper mit der gleichen Oberfläche.

Überliefert ist aus dem antiken Griechenland das Problem der Dido: »Auf einer gegebenen ebenen Kurve K, die sich selbst in keinem Punkt schneidet (doppelpunktfrei ist), sind zwei Punkte festzulegen und durch eine Kurve K', die selbst auch keine Doppelpunkte hat, von gegebener Länge zu verbinden. Die beiden Punkte sind dabei so zu wählen, daß das Kurvenstück von K zwischen den beiden Punkten und die Kurve K' von gegebener Länge eine Fläche mit maximalem Flächeninhalt einschließt.«

Die Kurve K' ist unter bestimmten Bedingungen ein Kreisbogen. Das wird hoffentlich der Märchenheld auch gewußt haben, der als Belohnung so viel Land von einem König bekommen sollte, wie er an einem Tag umschreiten konnte!

Dieses Problem wurde bereits von Zenodoros 180 Jahre vor Beginn unserer Zeitrechnung erkannt.

Das Hühnerhofproblem läßt sich etwas abwandeln, so daß das hier formulierte Problem deutlich wird.

Die Punkte liegen auf einer Geraden (Kurve K entspricht etwa einer Mauer), und die Verbindung soll aus Maschendraht mit gegebener Länge so vorgenommen werden, daß der Flächeninhalt maximal wird.

Die Lösung wird ein Halbkreis sein.

Beim praktischen Bau wird man sich jedoch wieder auf ein Rechteck beschränken, dessen parallel zur Wand verlaufende Seite doppelt so lang ist wie die dazu im rechten Winkel verlaufenden Querseiten. Ein Spezialfall des sogenannten isoperimetrischen Problems tritt dann ein, wenn die beiden Punkte auf der Kurve zu einem Punkt zusammenfallen und allein ein Punkt seinen Beitrag zur Begrenzung der Fläche liefern muß. Dieses Problem wurde von Pappus etwa im Jahre 290 auf geometrischem Wege gelöst.

Das hier angegebene Hühnerhofproblem stellt einen solchen Spezialfall dar, denn auch hier muß der Maschendraht von gegebener Länge ohne Unterstützung durch ein gegebenes Kurvenstück die Begrenzung alleine realisieren.

Bleiben wir auf der Spur des mathematisch gebildeten Hühnerhalters, der allerdings jahrhundertealte Erkenntnisse nutzt. Versuchen wir ein Gebilde zu berechnen, das später auch gebaut werden kann, so ergibt sich die Notwendigkeit für eine rechteckige Form mit der Fläche A (hier y), die von den Seiten a(x) und b(z) abhängt.

PIPP... PIPP...
DAS HÜHNERHOFPROBLEM
„WIR ZÄUNEN EIN!
JEDER BEKOMMT 100 METER MASCHENDRAHT.
PRO 5 METER GIBT ES EINEN PFOSTEN, ALSO 20 STÜCK!
... PRO m² EINGEZÄUNTER FLÄCHE EIN HUHN.
DAS IST DOCH MEIN EI!
LIEBER SETZE ICH MICH DRAUF!
... SONST KOMMT DER TIERSCHUTZ.
PIPP... PIPP...
PIPP...
KNÄTSCH
ZWAR NICHT VIELE „VIELE HÜHNER, DAFÜR KÖNNEN SIE ABER WETT-LAUF MACHEN.
PIPP...
PIPP...
PIPP...
PIPP...
PIPP...
HÜHNERHOF: 1x49 METER FÜR 49 HÜHNER
HÜHNERHOF: 49x1 METER (QUER!) FÜR 49 HÜHNER
DAS WAR WOHL NICHT SO GUT KOPIERT!

HÜHNERHOF: 10×40 METER FÜR 400 HÜHNER
DAS MACHT EINMAL NACH, KOLLEGEN!!
EIN KREIS-ZAUN LÄẞT SICH PRAKTISCH ABER MIT 20 PFOSTEN NICHT BAUEN!
EIN KREIS GIBT DOCH THEORETISCH DIE GRÖẞTE FLÄCHE, ...ODER?
25×25 METER IM QUADRAT FÜR 625 HÜHNER
PIPP...
KIKERIKI!!...
PIPP...
QUADRATISCHER ALS IM QUADRAT GEHT ES NICHT!
??
ÄÄÄCHZ!!
20-Eck!
FLÄCHE: $\frac{5}{2} \cdot r^2 \sqrt{6-2\sqrt{5}}$ BEI $r = 19{,}92$ m GIBT: 782,756 m²
FAST 783 HÜHNER
BRAVO!!!

$$y = x\,z.$$

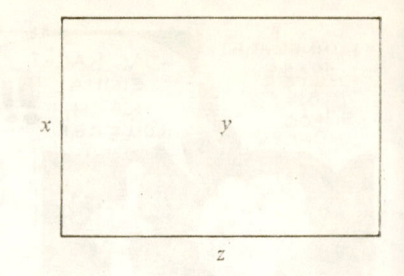

Die Fläche y hängt hier noch von zwei Variablen ab (z, x). Da der Umfang jedoch gegeben ist, besteht zwischen x und z ein unmittelbarer Zusammenhang,

$$U = 2x + 2z.$$

Nach z aufgelöst, heißt das

$$z = \frac{U}{2} - x = 50 - x, \quad U = 100 \text{ m}.$$

Aus der Flächenfunktion y wird, indem z eingesetzt ist,

$$y = x(50 - x) = 50x - x^2.$$

Die 1. Ableitung:

$$y' = \lim_{\Delta x \to 0} \frac{50(x + \Delta x) - (x + \Delta x)^2 - 50x + x^2}{\Delta x}$$

$$= \lim_{\Delta x \to 0} \frac{50x + 50\Delta x - x^2 - 2x\Delta x - \Delta x^2 - 50x + x^2}{\Delta x}$$

$$y' = \lim_{\Delta x \to 0} \frac{50\Delta x - 2x\Delta x - \Delta x^2}{\Delta x} = \lim_{\Delta x \to 0}(50 - 2x - \Delta x)$$

$$y' = 50 - 2x.$$

Möglicher Extremwert ist bei $0 = 50 - 2x$

$x = 25$ m.

Die 2. Ableitung:

$$y'' = \lim_{\Delta x \to 0} \frac{50 - 2(x + \Delta x) - 50 + 2x}{\Delta x} = \lim_{\Delta x \to 0}(-2) = -2.$$

Die 2. Ableitung ist – unabhängig vom eingesetzten x – immer ungleich Null und mit Sicherheit kleiner als Null. Daraus kann geschlossen werden, daß $x = 25$ m die Flächenfunktion maximal macht.

Damit erweist sich der dritte Einzäunungsversuch als die optimale Variante. Doch das Ergebnis wundert uns nicht. Aus der Erfahrung ist bekannt, daß bei gegebenem Umfang das Rechteck mit dem größten Flächeninhalt ein Quadrat mit der Seitenlänge $\frac{U}{4}$ ist.

Diese Anwendung soll aber weiter getrieben werden und hier auch noch einige überraschende Ergebnisse liefern. Dazu muß jedoch das Differenzieren viel handlicher gestaltet werden.

## 5.3. Erste Ableitungsregeln

Es werden Regeln dargestellt, die wie Gesetze anzuwenden sind. Das ist gut so, denn eigentlich entsteht der Wunsch nach solchen Regeln (Gesetzen) aus dem Bedürfnis, die Ableitung schneller und weniger mühsam zu erhalten, als das die ständige Grenzwertbildung des Differenzenquotienten zu leisten vermag. Das Prinzip läuft so, wie im Beispiel.
Die Funktion heißt $y = c$, wobei c eine beliebige reelle Zahl darstellt, eine Konstante also, die von x nicht abhängig ist. Das Bild der Funktion ist eine Gerade, die parallel zur x-Achse im Abstand c verläuft. Schon hieraus wird klar, daß die Ableitung Null ergeben muß. Der Grenzwert des Differenzenquotienten ist für alle diese Funktionen schnell zu bestimmen, da alle y-Werte konstant gleich c sind.

$$y' = \lim_{\Delta x \to 0} \frac{c - c}{\Delta x} = 0$$

Wehe wenn das für eine Gerade, die parallel zur x-Achse verläuft, nicht herausgekommen wäre!
Auf solche Weise werden Funktionen aus gewissen typischen Funktionsklassen herausgesucht. Ihre Ableitung wird allgemein über den Grenzwert des Differenzenquotienten bestimmt. Die Ableitung der Potenzfunktion wird auf solche Weise

$$y = x^n \qquad y' = nx^{n-1}.$$

Dabei muß im Verlauf des Beweises der Ausdruck $(x + \Delta x)^n$ im Zähler des Differenzenquotienten berechnet werden, was wir uns aber für den Fall sparen können, daß dieses Gesetz nicht angezweifelt wird. Sollte das aber der Fall sein, so sei auf ausreichend vorhandene Fachliteratur zur Differentialrechnung verwiesen. Ja, die Regel beschränkt sich nicht nur auf den Fall, daß der Exponent n eine natürliche Zahl ist, die Regel gilt auch, wenn n negative und gebrochene Zahlen (rationale Zahlen) annimmt. Dabei sind zwei aus der Potenz- und Wurzelrechnung bekannte Festlegungen zu beachten.

$$a^{-n} = \frac{1}{a^n} \quad \text{für } a \neq 0$$

Eine Potenz mit negativem Exponenten ist gleich ihrem Kehrwert mit positivem Exponenten.

$$a^{\frac{s}{t}} = \sqrt[t]{a^s} \quad t \neq 0 \quad \text{und} \quad a \geq 0$$

Eine Potenz mit gebrochenem Exponenten läßt sich auf die angegebene Weise als Wurzel schreiben, wie sich auch jede Wurzel als Potenz mit gebrochenem Exponenten schreiben läßt. Es empfiehlt sich, im Nenner stehende x-Potenzen als Potenzen mit negativen Exponenten und Wurzeln als Potenzen mit gebrochenem Exponenten zu schreiben.

| Beispiel $y = x^n$ | Umschreiben vor Anwendung der Regel | Ableitung $y' = n\,x^{n-1}$ | Umschreibung | | |
|---|---|---|---|---|---|
| 1. $y = x^7$ | $= x^7$ | $y' = 7\,x^{7-1}$ | $= 7\,x^6$ | | |
| 2. $y = \dfrac{1}{x^2}$ | $= x^{-2}$ | $y' = (-2)\,x^{-2-1}$ | $= -2\,x^{-3} = -\dfrac{2}{x^3}$ | | |
| 3. $y = \sqrt[3]{x}$ | $= x^{\frac{1}{3}}$ | $y' = \dfrac{1}{3}\,x^{\frac{1}{3}-1}$ | $= \dfrac{x^{-\frac{2}{3}}}{3}$ | $= \dfrac{1}{3\,x^{\frac{2}{3}}}$ | $= \dfrac{1}{3\,\sqrt[3]{x^2}}$ |
| 4. $y = \sqrt[4]{x^3}$ | $= x^{\frac{3}{4}}$ | $y' = \dfrac{3}{4}\,x^{\frac{3}{4}-1}$ | $= \dfrac{3\,x^{-\frac{1}{4}}}{4}$ | $= \dfrac{3}{4\,x^{\frac{1}{4}}}$ | $= \dfrac{3}{4\,\sqrt[4]{x}}$ |
| 5. $y = \dfrac{1}{\sqrt[3]{x}}$ | $= x^{-\frac{1}{3}}$ | $y' = -\dfrac{1}{3}\,x^{-\frac{1}{3}-1}$ | $= \dfrac{-x^{-\frac{4}{3}}}{3}$ | $= -\dfrac{1}{3\,x^{\frac{4}{3}}}$ | $= -\dfrac{1}{3\,x\,\sqrt[3]{x}}$ |

Ein konstanter Faktor bleibt beim Differenzieren erhalten.

Beispiel: $y = 6\,x^2 \quad y' = 6 \cdot 2\,x^{2-1} = 12\,x$.

Summen und Differenzen von Funktionen werden gliedweise differenziert. Damit sind die Ableitungen aus den vorangegangenen Beispielen sofort zu überprüfen. Tragen wir sie noch einmal zusammen.

| | |
|---|---|
| $y = 0{,}5\,x^2$ | $y' = x \quad (0{,}5 \cdot 2 = 1)$ |
| $y = 0{,}1\,x^2 - 2\,x + 4$ | $y' = 0{,}2\,x - 2$ |
| $y = 3\,x^2 - 4\,x + 5$ | $y' = 6\,x - 4$ |
| $y = x^2 - px + 2$ | $y' = 2\,x - p \quad (\text{p konstant})$ |
| $y = 2\,x^3 - 3\,x^2 - 12\,x$ | $y' = 6\,x^2 - 6\,x - 12$ |
| $y = 50\,x - x^2$ | $y' = 50 - 2\,x$ |

Soweit geht das alles ganz gut und vor allem schnell.
Etwas komplizierter sind die Regeln zur Ableitung von Produkten und Quotienten. Diese und andere Regeln sollen hier zusammengefaßt werden. Es finden sich neben den elementaren Ableitungsregeln auch die Ableitungen von Exponential-, Logarithmen- und trigonometrischen Funktionen, die im Bedarfsfall nachgeschlagen werden können. Es sei hier jedoch noch einmal nachdrücklich betont, daß alle Regeln über die Bestimmung des Grenzwertes eines zugehörigen Differenzenquotienten abgeleitet werden müssen. Doch das ist getan, und Interessenten seien hier noch einmal auf die entsprechenden Lehrbücher verwiesen.

Ableitungsregeln:

**Ableitung einer Konstanten**
$y = c \qquad y' = 0$

**Ableitung eines konstanten Faktors**
$y = af(x) \qquad y' = af'(x)$

**Ableitung einer Summe**
$y = y_1 + y_2 \qquad y' = y_1' + y_2'$

**Ableitung einer Differenz**
$y = y_1 - y_2 \qquad y' = y_1' - y_2'$

**Ableitung einer Potenzfunktion**
$y = x^n \qquad y' = n\,x^{n-1}$

**Produktregel**
$y = y_1 y_2$

$y' = y_1' y_2 + y_2' y_1$

(Verallgemeinerung ist möglich)

**Quotientenregel**
$y = \dfrac{y_1}{y_2}$

$y' = \dfrac{y_2 y_1' - y_1 y_2'}{(y_2)^2}$

**Trigonometrische Funktionen**
$y = \sin x \qquad y' = \cos x$
$y = \cos x \qquad y' = -\sin x$
$y = \tan x \qquad y' = \dfrac{1}{\cos^2 x}$
$y = \cot x \qquad y' = -\dfrac{1}{\sin^2 x}$

**Exponentialfunktion**
$y = a^x \qquad y' = a^x \ln a$
$y = e^x \qquad y' = e^x$

**Logarithmenfunktion**
$y = \lg x \qquad y' = \dfrac{1}{x} \lg e$
$y = \ln x \qquad y' = \dfrac{1}{x}$

Hier noch zwei Beispiele zu den Grundaufgaben, wie sie sich bei der Lösung des Tangentenproblems im Abschnitt 4.3. ergaben; diesmal jedoch nicht mit der umständlichen Grenzwertbestimmung, sondern durch Anwendung der hier genannten Regeln.

1. Stelle gegeben – Ableitung gesucht

$$y = 6x - \frac{1}{x} + \frac{x-1}{x+2}$$

Protokoll der Ableitung:

$$y' = 6 + \frac{1}{x^2} + \frac{1(x+2) - (x-1)1}{(x+2)^2}$$

1. Summand – konstanter Faktor und Potenzfunktion
2. Summand – Potenzfunktion
3. Summand – Quotient

$$y' = 6 + \frac{1}{x^2} + \frac{3}{(x+2)^2}$$

Gesucht ist der Anstieg an der Stelle $x = 1$.

$$y'(1) = 6 + \frac{1}{1} + \frac{3}{9} = 7 + \frac{1}{3} = \frac{22}{3}$$

An der Stelle $x = 1$ beträgt der Anstieg $\frac{22}{3}$, was nach der Beziehung $y' = \tan \alpha$ einem Winkel von etwa $82{,}2°$ entspricht.

2. Ableitung gegeben – Stelle gesucht

An welchen Stellen liegen Extremwerte? Welcher Art sind die gefundenen Extremwerte?

$y = x^3 - 6x^2 + 9x - 8$
$y' = 3x^2 - 12x + 9$
$y'' = 6x - 12$

$0 = 3x^2 - 12x + 9$
$x^2 - 4x + 3 = 0$
$x_{1/2} = 2 \pm \sqrt{4-3}$
$x_1 = 3$ und $x_2 = 1$

Mögliche Extremstellen sind

$y''(3) = 18 - 12 > 0 \rightarrow$ Minimum
$y''(1) = 6 - 12 < 0 \rightarrow$ Maximum.

Wie jeder Punkt im Koordinatensystem, so sind auch Extrempunkte erst durch zwei Koordinaten bestimmt. Dazu wird zu den vorliegenden Abszissenwerten des bereits ermittelten Maximums und Minimums der zugehörige Ordinatenwert aus der Funktionsgleichung berechnet.

$y(3) = 27 - 54 + 27 - 8 = -8$
$y(1) = -4$
Maximum: $(1; -4)$        Minimum: $(3; -8)$

## 5.4. Das Differential einer Funktion

Das Tangentenproblem wurde schon gelöst. Nutzen wir die Ergebnisse, um uns mancherlei Berechnungen zu vereinfachen! Oft treten kleine Änderungen bei der unabhängigen Variablen auf, sei es, daß sich ein Widerstand erwärmt, eine Uhr Ungenauigkeiten zeigt und andere Geräte im Verlauf der Messung kleine Abweichungen erkennen lassen. Ändert sich die unabhängige Variable $x_0$ um $\Delta x$ (bezogen auf x soll das ein relativ kleiner Wert sein), so ändert sich die abhängige Variable um den Wert $\Delta y$, den man erhält, indem $x_0$ und $x_0 + \Delta x$ in die Funktionsgleichung eingesetzt werden. Der Funktionswert ist also in jedem Fall zweimal zu berechnen. Schließlich ist noch die Differenz der beiden Funktionswerte zu bestimmen.

$$y = f(x_0 + \Delta x) - f(x_0)$$

Das kann, komplizierte Formeln für die Berechnung oder allgemeine Funktionsgleichungen vorausgesetzt, selbst bei Anwendung eines Taschenrechners ein aufwendiges Verfahren bedeuten.

Die einfachste Abhängigkeit für die Berechnung liegt dann vor, wenn x und y in linearer Beziehung zueinander stehen. Wie können wir solcherlei Wunschbild realisieren?

Dazu wird die mitunter recht komplizierte Funktion im Punkt $(x_0; y_0)$ durch die Tangente ersetzt. Dieses Vorgehen wird als Linearisierung der Funktion bezeichnet. Die Änderung der Tangente ist leicht anzugeben, denn wieder tritt ein rechtwinkliges Dreieck auf, dessen Katheten parallel zu den Koordinatenachsen liegen.

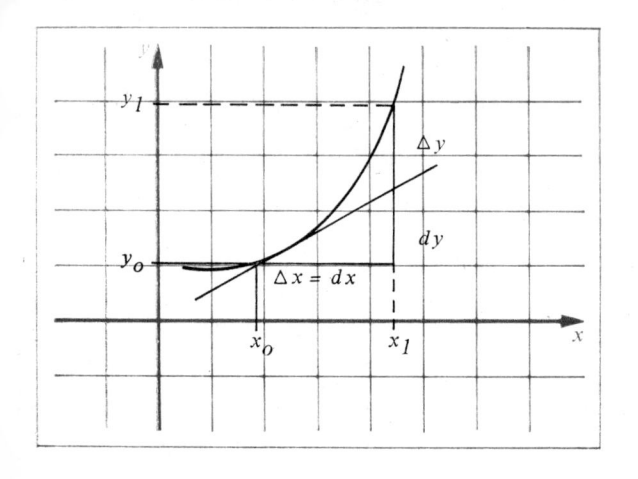

Es ist $\tan \alpha_0 = \dfrac{dy}{dx}$.

Hier wurde ganz formal $\Delta x$ durch $dx$ ersetzt. Es gilt $\Delta x = dx$.
Die Größen $\Delta y$ und $dy$ stimmen jedoch im allgemeinen nicht überein. Während $dy$ die Änderung der linearisierten Funktion angibt, wird durch $\Delta y$ die wahre Änderung erfaßt, wenn x einen Zuwachs von $\Delta x$ oder $dx$ erfährt.
Nun zu einigen Bezeichnungen, bevor diese Zusammenhänge ausgenutzt werden können und die Bedeutung an einem Beispiel gezeigt wird. Dem Wert $dy$ wird der Name Differential der Funktion gegeben. Da $dx \neq 0$ ist, ergibt sich für das Differential einer differenzierbaren Funktion $y = f(x)$

$dy = \tan \alpha_0 \, dx$.

Weil aber $\tan \alpha_0 = y'$ ist, erhält man

$dy = f'(x) \, dx$.

Der Wert des Differentials einer differenzierbaren Funktion ergibt sich demzufolge aus dem Wert der Ableitung multipliziert mit der (kleinen) Änderung $dx$.
Geometrisch entspricht dem Differential die Änderung der durch die Tangente im Punkt $(x_0; y_0)$ ersetzten Funktionskurve $y = f(x)$.
Somit ergibt sich für die Ableitung $y'$ durch Umformung

$y' = \dfrac{dy}{dx}$.

Der Quotient auf der rechten Seite wird Differentialquotient genannt. Und hier schließt sich nun der Kreis unserer Betrachtungen. Die Ableitung einer Funktion ergab sich ursprünglich aus dem Grenzwert des Differenzenquotienten. Demzufolge ist der Differentialquotient gleich dem Grenzwert des Differenzenquotienten. Daraus ergibt sich zunächst einmal eine verbesserte Schreibweise zur Kennzeichnung der Ableitung. Die Schreibweise $y'$ ist nur eindeutig, darf also nur dann angewandt werden, wenn die Variable y nach der Variablen x abzuleiten ist. Eine derartige Bezeichnung der Größen tritt in der Praxis jedoch höchst selten auf. Beispielsweise kann beim Weg-Zeit-Gesetz des freien Falles die Erdbeschleunigung g als Variable aufgefaßt werden, da sie in der Tat vom jeweiligen Ort und seiner Entfernung vom Erdmittelpunkt abhängt. Er kann aber auch, was die Regel sein wird, die Zeit t als Variable dienen. So ergeben sich nur bei der Verwendung des Differentialquotienten zur

Kennzeichnung der Ableitung eindeutige Verhältnisse, denn damit wird klar formuliert, welche variable Größe nach welcher abgeleitet wird. Alle anderen Größen werden als konstant aufgefaßt und bleiben erhalten, wenn sie als Faktor auftreten, oder fallen weg, wenn sie als Summanden stehen.

$$s = \frac{g}{2} t^2 \qquad \frac{ds}{dt} = gt \qquad \frac{ds}{dg} = \frac{t^2}{2}$$

Doch allein deswegen wurden das Differential und der Differentialquotient von uns nicht eingeführt!
Denken wir an die hier genannte Zielstellung zur vereinfachten Berechnung der Funktionswertänderung, wenn sich die unabhängige Variable nur geringfügig ändert.
Beispiel: Welchen Einfluß auf die Fläche hat es, wenn sich die Seite eines Quadrates mit einer Länge von 72,4 m um 0,2 m ändert?

1. Lösungsmöglichkeit: $A_1 = 72{,}4^2$ m² $= 5241{,}76$ m²
$A_2 = 72{,}6^2$ m² $= 5270{,}76$ m².

Die wahre Änderung der Fläche wird durch A erfaßt und beträgt 29,00 m².

2. Lösungsmöglichkeit:
Zunächst wird festgestellt, daß die Änderung von 20 cm, bezogen auf eine Seitenlänge von 72,4 m, ein relativ kleiner Wert ist.

$$A = a^2 \qquad \frac{dA}{da} = 2a \qquad dA = 2a\,da = 2 \cdot 72{,}4 \cdot 0{,}2 = 28{,}9 \text{ m}^2.$$

Der Unterschied zwischen dA und ΔA ist unwesentlich. Jedoch zeigt schon dieses einfache Beispiel, daß mit Verwendung des Differentials eine kleine Änderung der unabhängigen Größe und ihre Auswirkung auf die zu berechnende Größe schnell kalkuliert werden kann. Bei komplizierteren Zusammenhängen ist die Verwendung des Differentials immer ein Vorteil, vorausgesetzt natürlich, daß Sicherheit beim Differenzieren vorhanden ist. Doch nicht nur hier wird die Differentialrechnung angewandt.
Zum Schluß noch die Frage: Wann kann Δy durch dy angegeben werden?
Das Differential kann verwendet werden, wenn die Funktion, der Wert des Argumentes und seine Änderung bekannt sind. Es hängt ab von der Ableitung und dem Wert von dx.
Schauen wir uns dazu auch noch einmal die Zeichnung an.
Wann ist der Unterschied zwischen dy und Δy zu groß? Das hängt von zwei Dingen ab. Der Unterschied ist um so größer, je größer die Krümmung der Kurve ist (Wert der Ableitung) und je größer der Zuwachs dx im Verhältnis zu dem Argument ist. Die Größe der Ableitung (Krümmung)

ist durch uns nicht zu beeinflussen, denn sie liegt durch die Funktion fest. Deswegen darf immer dann mit dem Differential dy gerechnet werden, wenn die Änderung so erfolgt, daß sie relativ klein ist. In solchem Fall erweist sich die Anwendung des Differentials als ein sehr wesentlicher Rechenvorteil, der gerade bei Verwendung eines Taschenrechners recht nützlich sein kann. Gleichsam als Nebenprodukt ist durch den Differentialquotienten eine bessere Bezeichnung der Ableitung abgefallen.

Die erste Ableitung: $y' = \dfrac{dy}{dx}$.

Die zweite Ableitung: $y'' = \dfrac{d^2 y}{dx^2}$.

Die n-te Ableitung, wobei n eine natürliche Zahl ist:

$y^{(n)} = \dfrac{d^n y}{dx^n}$.

Dabei ist die Verwendung von Strichen zur Kennzeichnung der Ableitung unübersichtlich, wenn n größer ist als 3.

Es sei hier darauf hingewiesen, daß die Physiker eine eigene Symbolik haben, die auf die Fluententheorie von Newton zurückgeht. Ableitungen nach der Variablen Zeit (t) werden hier durch einen Punkt über der zu differenzierenden Größe gekennzeichnet.

$\dot{s}$ – erste Ableitung des Weges nach der Zeit ist die Geschwindigkeit,
$\ddot{s}$ – zweite Ableitung des Weges nach der Zeit ist die Beschleunigung.

Da sich die Punkte auf den Größen in einer Universitätsvorlesung über theoretische Physik schnell häufen, haben Studenten, die selten durch Leistung auf sich aufmerksam machen konnten, die Gelegenheit genutzt, um diese Vorlesungen als Fliegenschißtheorie zu bezeichnen.

Ein solcher Punkt vermag es beispielsweise, aus einer Geschwindigkeit eine Beschleunigung zu machen. Verwenden wir also den Differentialquotienten, um Ableitungen zu kennzeichnen, um Flüchtigkeitsfehler zu vermeiden.

Leibniz verwendete bereits in seiner ersten Abhandlung zur Differentialrechnung im Jahre 1684 den Begriff des Differentials einer Funktion. Er arbeitete vorzugsweise mit Differentialen und gab damit seinen Darstellungen eine besondere Eleganz. Das »Moment der Fluente« ist bei Newton eine andere Bezeichnung für die gleiche mathematische Sache. Hier noch ein weiteres Beispiel aus der Gattung der Extremwertaufgaben mit einem physikalischen Hintergrund.

Eine Kugel verläßt das Gewehrrohr genau senkrecht nach oben mit einer Anfangsgeschwindigkeit von 220 m/s.
Welche Höhe über dem Abschußpunkt wird die Kugel erreichen, wenn der Luftwiderstand beim Emporfliegen unberücksichtigt bleibt?
Unter diesen vereinfachenden Annahmen wirken auf die Kugel zwei Kräfte, die sie zwei verschiedene Bewegungen ausführen lassen.
In Richtung vom Abschußpunkt legt die Kugel den Weg

$$s\uparrow = v \cdot t$$

zurück. Dabei entspricht v der Anfangsgeschwindigkeit $v_0 = 220$ m s$^{-1}$. Gäbe es keine Anziehungskraft der Erde, so käme die Kugel nie zurück! Doch die Anziehungskraft bewirkt eine andere Bewegung, und zwar entgegengesetzt zur Wegstrecke s. Nach dem Gesetz des freien Falls (Luftwiderstand wurde dabei ausgeschlossen) bewegt sich die Kugel

$$s\downarrow = \frac{g}{2} t^2.$$

Nach dem Gesetz von der Unabhängigkeit der Bewegungen (Superpositionsprinzip) überlagern sich beide Bewegungen so, daß sich folgende Weg-Zeit-Gleichung ergibt:

$$s = v_0 t - \frac{g}{2} t^2 \qquad \text{für } t \geqq 0.$$

Die Differenz, die sich hier als Funktionsgleichung ergibt, ist verständlich. Zunächst wird der Weg, den der erste Summand beisteuert, überwiegen und der Gesamtweg positiv sein. Mit wachsender Zeit wird jedoch der zweite Summand immer größer. Die maximale Höhe der Kugel ist in dem Moment erreicht, da die Kugel einen ganz kleinen Moment in Ruhe verharrt, wenn also die Geschwindigkeit Null ist, bis sie dann in umgekehrter Richtung den Rückweg antritt.

$$v = \frac{ds}{dt} = v_0 - gt = 0 \qquad t = \frac{v_0}{g}.$$

Zum Zeitpunkt $t = \frac{v_0}{g}$ erreicht die Kugel die größte Höhe. Mit $g \approx 9{,}81$ m s$^{-2}$ ergibt sich aus der Formel eine Steigzeit von etwa 22,4 Sekunden.
Daraus folgt, wird die Zeit in die angegebene Weg-Zeit-Gleichung eingesetzt, eine maximale Höhe von

$$s \left| \frac{v_0}{g} \right| = v_0 \frac{v_0}{g} - \frac{g}{2} \frac{v_0^2}{g^2} = \frac{v_0^2}{g} - \frac{v_0^2}{2g} = \frac{v_0^2}{2g}.$$

Damit erreicht die Gewehrkugel eine maximale Höhe von 2467 m. Das Differential einer Funktion soll noch weitreichendere Anwendung erfahren. Deswegen wird im nächsten Abschnitt ein wenig Fehlerrechnung betrieben.

## 5.5. Fehlerrechnung, aber ohne Fehler zu machen

Ein Sprichwort lautet: »Ein Fehler, den man erkennt, ist schon halb gebessert.« Bei manchen Fehlern hilft allein das Erkennen. Einem dicken Menschen ist dadurch nicht geholfen, wenn seine Personenwaage mit der Zeit ein konstantes Gewicht anzeigt, obwohl er ständig zunimmt und die konstante Gewichtsangabe nur auf eine inzwischen marode gewordene Feder zurückzuführen ist.

Fehler, die sich auf unzulängliche Meßwerkzeuge oder Meßgeräte zurückführen lassen, werden als systematische bezeichnet. Sie sind daran zu erkennen, daß alle Messungen entweder zu klein oder zu groß ausgeführt werden. Diese Fehler behandelt die Fehlerrechnung nicht. Hier hilft nur eins – ein genaueres Meßwerkzeug verwenden! Zufällige Fehler, die auf psychische oder physische Unzulänglichkeiten des Messenden zurückzuführen sind, bilden eine andere Fehlerart. Die Abweichungen können entweder positiv oder negativ sein, je nachdem, ob der Wert zu groß oder zu klein gemessen wurde.

Der wahre Wert einer Größe X wird erhalten, indem der Fehler $\varphi$ vom gemessenen Wert x subtrahiert wird.

$$X = x - \varphi.$$

Doch hier enden die Möglichkeiten zunächst. Das ist eine Gleichung für zwei Unbekannte, denn sowohl der wahre Fehler $\varphi$ wie auch der wahre Wert, die Größe X, sind unbekannt. Da es auf der ganzen Welt keine zweite Gleichung gibt, ist dieser Ansatz zunächst einmal in einer Sackgasse gelandet. Die Lösung aus dem Dilemma sieht so aus, daß für den wahren Fehler ein Wert angenommen wird. Es gibt da gewisse Faustregeln, die sich auf die Skaleneinteilung des Meßwerkzeuges beziehen. Doch die sollen hier nicht angegeben werden; denn jeder, der eine Messung durchführt, muß selbst den Fehler festlegen können, der bei der Messung maximal auftreten kann. Bei einem Gliedermaßstab darf man, ohne sich schämen zu müssen und ohne zu genaue Maßstäbe zu setzen, einen Fehler von $\Delta x = 2$ mm annehmen. Der wahre Wert der mit einem Gliedermaßstab gemessenen Größe x bewegt sich somit zwischen

$x - \Delta x \leq X \leq x + \Delta x$,

wobei $\Delta x$ als absoluter Maximalfehler bezeichnet wird.
Nun können 2 mm viel, aber auch wenig sein. Um das genauer einschätzen zu können, wird der absolute Maximalfehler durch den gemessenen Wert dividiert und in Prozent ausgedrückt. Den so auf den gemessenen Wert bezogenen Fehler bezeichnet man als relativen Fehler der Messung. Welche Messung ist also genauer – wenn eine Strecke von 7,20 m mit einem Fehler von 2 cm oder von 54,3 km mit einem Fehler von 120 m gemessen wird?

Für die erste Messung ergibt sich ein relativer Fehler von $\frac{2}{720} \cdot 100\% =$ 0,28 %, für die zweite Messung ein relativer Fehler von $\frac{120}{54300} \cdot 100\% =$ 0,23 %. Somit ist die zweite Messung, bei der offensichtlich auch noch stark aufgerundet wurde, was in der Fehlerrechnung Vorschrift ist, besser als die erste.

Die Fehlerrechnung löst hauptsächlich zwei wichtige Aufgaben. Erstens untersucht sie, wie sich fehlerhafte Größen auf andere Größen auswirken, mit deren Hilfe diese berechnet werden. Beispielsweise ist damit die Antwort auf die Frage zu finden, welchen Fehler das Volumen eines Würfels hat, wenn die Kantenlänge einen Fehler von $\Delta a$ besitzt.

Zweitens macht die Fehlerrechnung Vorschriften, wie genau die Größen zu messen sind, wenn das Endergebnis fest vorgegebene Toleranzen nicht überschreiten soll.

Da sich zufällige Fehler von der Sache her immer als gering zur gemessenen Größe zeigen, sind die Bedingungen zur Anwendung des Differentials erfüllt. Das wird noch einmal an einem Beispiel gezeigt. Für einen Würfel mit einer Kantenlänge von 7,18 mm soll das Volumen berechnet und die Abweichung angegeben werden, wenn die Messung der Kante mit einem absoluten Maximalfehler von 0,02 mm erfolgte ($V = a^3$).

1. Die wahre Änderung des Würfelvolumens $\Delta V$ ist

$\Delta V = 7{,}20^3 - 7{,}18^3 = 373{,}248 - 370{,}146 = 3{,}102$.

Der Fehler bei der Kantenmessung bewirkt einen Fehler von $\pm\, 3{,}102$ mm³ im Würfelvolumen.

2. Doch leichter geht es durch die Verwendung des Differentials:

$\frac{dV}{da} = 3\,a^2 \to dV = 3\,a^2\,da = 3 \cdot 7{,}18^2 \cdot 0{,}02 = 3{,}094$ mm³.

FEHLERRECHNUNG
MEIN FRÄULEIN, DARF ICH ZUM TANZ BITTEN?
HAH, HAH, HAH!
SPINNST WOHL, eh!!
?
?
DAS WAR EIN FEHLER ERSTER ART! ALSO, AUF EIN NEUES
NA BITTE, NUR MUT
NAAH!
IRRTUM GEMERKT?
HERREN
NA, DAS KANN KEIN FEHLER ERSTER ART WERDEN!
GESTATTEN!
ÄCHZ
Uff
DARF ICH BITTEN?

UND SIE BEWEGT SICH KAUM !
Oje!
TIHI,
DIE JUGEND VON HEUTE TAUGT AUCH NICHTS MEHR !
NACH VERGEBLICHEN VERSUCHEN GEBEN BEIDE AUF.
DAS WAR EIN FEHLER ZWEITER ART !
OOAH!
HICK!
DER MACHT DOCH HEUTE WEDER FEHLER ERSTER NOCH ZWEITER ART !
WUMM!!
??

Der Wert weicht nur unwesentlich von dem oben ermittelten ab, ist jedoch leichter zu bestimmen, wobei hier zu einer guten Übersicht alle Zwischenschritte mit angegeben wurden. Das Differential eignet sich hervorragend, um den Einfluß von Fehlern auf die zu berechnende Größe zu ermitteln.

Eine so genaue Längenmessung voraussetzend, daß der Fehler der Länge unberücksichtigt bleiben kann, wird die Spitze eines Baumes mit einem Theodoliten (Winkelmesser) angepeilt und ein Winkel von $28° \pm 1{,}50°$ ermittelt. Wie wirkt sich die fehlerhafte Winkelmessung auf die Höhenbestimmung des Baumes aus? (Sein Wipfel hatte sich bei der Messung im Winde bewegt!)

Die als fehlerfrei angenommene Längenmessung zwischen dem Theodoliten und dem Stamm des Baumes betrug 27,20 m.

$$\tan\alpha = \frac{H}{a} \qquad H = a \cdot \tan\alpha \qquad \text{mit } H = 14{,}46$$

$$\frac{dH}{d\alpha} = \frac{a}{\cos^2\alpha} \qquad dH = \frac{a\, d\alpha}{\cos^2\alpha}$$

$$dH = \frac{27{,}20 \cdot d\alpha}{\cos^2 28°}$$

$dH = 0{,}92$ (aufrunden)

Zu beachten ist jedoch, daß $d\alpha$ im Bogenmaß eingesetzt werden muß, da sonst die Höhe keine Längenmaßeinheit erhalten würde.

$1{,}5° = 0{,}02618$.

Damit heißt das Ergebnis zuzüglich der Höhe des Theodoliten von 1,20 m

$H = (15{,}66 \pm 0{,}92)\,\text{m}$.

Der relative Fehler beträgt $\dfrac{0{,}92}{15{,}66} \approx 5{,}9\%$.

Die wirkliche Höhe des Baumes ist größer als 14,74 m und kleiner als 16,58 m.

Auch zur zweiten Aufgabe der Fehlerrechnung, in der es gilt, durch Genauigkeitsforderungen einen vorgegebenen Fehler der Endgröße nicht zu überschreiten, ein Beispiel.

Ein Kugelvolumen soll den Fehler von 6% nicht überschreiten. Wie genau ist der Radius zu messen?

Zunächst bleibt es uns überlassen, die Aufgabe allein mit der allgemeinen Formel für das Kugelvolumen zu lösen. Aus diesem Grund ist ein Zusammenhang zwischen dem Fehler im Volumen und dessen Abhängigkeit vom Fehler des Radius zu erstellen:

$V = \dfrac{4}{3} \pi r^3$ \qquad r hat den Fehler dr.

$\dfrac{dV}{dr} = 4 \pi r^2$ \qquad $dV = 4 \pi r^2 \, dr$. Das ist der gesuchte Zusammenhang.

Vorgegeben ist $\dfrac{dV}{V} = \dfrac{4 \pi r^2 \, dr}{\dfrac{4}{3} \pi r^3} = \dfrac{3 \, dr}{r} = 0{,}06 = 6\%$.

$3 \cdot dr = 0{,}06 \, r$

$dr = 0{,}02 \, r$ \qquad $\dfrac{dr}{r} = 2\%$

Die vorgegebene Genauigkeitsforderung für das Kugelvolumen wird nur erreicht, wenn der relative Fehler des Radius 2% nicht überschreitet. Ein Radius von 8,3 cm, mit einem Fehler von 2 mm gemessen, überschreitet diese Vorgabe, denn in dem Fall beträgt der höchst zulässige Fehler

$\dfrac{dr}{r} = 0{,}02$ \qquad $dr = 83 \cdot 0{,}02 = 1{,}66$ mm.

## 5.6. Eine Kettenregel

Ein Versprechen gilt es noch einzulösen. Es ist dazu abschließend anzumerken, daß jede Funktion differenziert werden kann, wenn sie die Bedingung für die Differenzierbarkeit in allen Punkten erfüllt.
Die Funktion $y = x^{14}$ kann wohl nach den Regeln zur Differentiation einer Potenzfunktion differenziert werden. Doch wie sieht die Ableitung für die Funktion $y = (3 x^2 + 2)^{14}$ aus, wenn die mühsame Arbeit des Ausmultiplizierens selbstverständlich unterbleiben soll? Was unterscheidet die beiden Funktionen voneinander?
Bei $y = x^{14}$ kann der Wert von y unmittelbar aus einem gegebenen Wert von x berechnet werden. Ein guter Taschenrechner hat dabei bestimmt keine Probleme. Die unmittelbare Berechnung von y aus der Funktion $y = (3 x^2 + 2)^{14}$ ist nicht möglich. Wie leicht erkennbar ist, muß zunächst

PAKETAUS-
PACKEN
MANN, IST DAS EIN RIESENPAKET!
TRARI... TRARA... DIE POST IST DA!
EXPRESS
O FEIN, EIN PAKET!
UFF!
??
NA... SO WAS

NA, NACHBAR, SIE BRAUCHEN WOHL HILFE - ODER?
PAKETE, PAKETE, PAKETE UND IMMER NOCH KEIN ENDE!
WIE BEI DER KETTENREGEL, VON AUßEN NACH INNEN- BIS ES NICHT MEHR GEHT!
WO SOLL ICH NUR MIT DEN KARTONS HIN?
DAS LÄSST SICH NICHT WEITER AUSPACKEN! EIN ÜBLER SCHERZ IST DAS!!!
5,6

einmal der Wert in der Klammer ausgerechnet werden. Die Basis wird durch die Hilfsvariable z gekennzeichnet.

$z = 3x^2 + 2.$

Nachdem dieser Wert berechnet ist, wird z in die 14. Potenz erhoben. y ergibt sich demzufolge nicht unmittelbar aus x, sondern mittelbar über die Hilfsvariable z.
Derartige Funktionen werden als mittelbare Funktionen bezeichnet. Auf der einen Seite hängt z von x und auf der anderen y von z ab. Da zeigt sich eine in der Schule eingeprägte Regel, die da lautet, Rechenoperationen werden von innen nach außen ausgeführt, was unserer gewohnten Leseweise von links nach rechts widerspricht. z(x) wird als innere Funktion und y(z) als äußere Funktion bezeichnet. Insgesamt ist das eine mittelbare Funktion. Wie die innere Funktion gefunden werden kann, ist ganz einfach festzustellen. Dort, wo man mit der Berechnung beginnt, befindet sich die innerste Funktion. Indem wir daran denken, kommen uns auch die beiden letzten Beispiele in nachfolgender Tabelle nicht mehr ganz so heimtückisch vor.

Beispiele:

| mittelbare Funktion | innere Funktion | äußere Funktion |
|---|---|---|
| 1. $y = (2x + 3)^5$ | $z = 2x + 3$ | $y = z^5$ |
| 2. $y = \sqrt[5]{x^2 - 2}$ | $z = x^2 - 2$ | $y = \sqrt[5]{z}$ |
| 3. $y = \sin(ax + b)$ | $z = ax + b$ | $y = \sin z$ |
| 4. $y = \cos x^3$ | $z = x^3$ | $y = \cos z$ |
| 5. $y = \cos^3 x$ | $z = \cos x$ | $y = z^3$ |

Sowohl die innere Funktion als auch die äußere Funktion dieser mittelbaren Funktionen können differenziert werden. Für die innere Funktion kann $\dfrac{dz}{dx}$ und für die äußere Funktion $\dfrac{dy}{dz}$ bestimmt werden. Gut, daß mit Differentialen genauso gearbeitet werden kann wie mit anderen endlichen Größen. Deswegen ergibt sich die ursprünglich gesuchte Ableitung $\dfrac{dy}{dx}$ als Produkt der Ableitungen

$$\dfrac{dz}{dx} \cdot \dfrac{dy}{dz} \qquad \dfrac{dy}{dx} = \dfrac{dy}{dz} \cdot \dfrac{dz}{dx}.$$

Diese Regel wird Kettenregel genannt und bei der Differentiation von mittelbaren Funktionen verwendet. Die Ableitung der äußeren Funktion wird mit der Ableitung der inneren multipliziert. Umgangssprachlich nennt sich die Ableitung der inneren Funktion »das Nachdifferenzieren«. Das wird zu leicht vergessen. Doch entspricht das Differenzieren nicht viel mehr unserem gewohnten Links-Rechts-Lesen? Es sei hier schon auf die Verallgemeinerungsmöglichkeit für den Fall hingewiesen, daß die mittelbare Funktion mehrere innere Funktionen besitzt. In diesem Fall wird genau so verfahren, wie es die Kettenregel festlegt. Von links nach rechts fortschreitend, wird so lange differenziert und nachdifferenziert, bis es nichts mehr zu differenzieren gibt. Die so gebildeten Ableitungen sind dann zu multiplizieren, und der Ausdruck ist zu vereinfachen. Dabei ist schon der Versuch anerkennenwert, denn dies macht oft mehr Schwierigkeiten als die gesamte höhere Mathematik. Meist lohnt sich der Aufwand, denn droht die 2. Ableitung, wird ein Monsterausdruck zum gruseligen Unterfangen.

Sie werden feststellen, daß die Kettenregel, ohne Hemmungen angewandt, viel leichter ist, als ihr Name klingt. Oft ist es gar nicht erforderlich, sich darüber Gedanken zu machen, was eigentlich die innere Funktion ist. Die Prozedur beginnt links und endet rechts. Die Ableitungen der im Beispiel angegebenen Funktionen heißen:

1. $\dfrac{dy}{dx} = 5(2x+3)^4 \cdot 2 = 10(2x+3)^4$

2. $\dfrac{dy}{dx} = \dfrac{2x}{5\sqrt[5]{(x^2-2)^4}}$

3. $\dfrac{dy}{dx} = a \cos(ax+b)$

4. $\dfrac{dy}{dx} = -\sin x^3 (3x^2) = -3x^2 \sin x^3$.

(Hier wird die Potenzfunktion »nachdifferenziert«.)

5. $\dfrac{dy}{dx} = 3 \cos^2 x (-\sin x) = -3 \sin x \cos^2 x$.

(Hier wird die Kosinusfunktion »nachdifferenziert«.)

Ein Beispiel mit mehr als einer inneren Funktion folgt:

$$y = [x^2 - \sin(2x^2 + 5)]^5$$

$$\frac{dy}{dx} = 5[x^2 - \sin(2x^2 + 5)]^4 [2x - \cos(2x^2 + 5) \cdot (4x)]$$

$$\frac{dy}{dx} = 5[x^2 - \sin(2x^2 + 5)]^4 [2x - 4x \cos(2x^2 + 5)]$$

$$\frac{dy}{dx} = 10x[x^2 - \sin(2x^2 + 5)]^4 [1 - 2 \cdot \cos(2x^2 + 5)].$$

Das war aber nur zur Anschauung und nicht zum Nachvollziehen gedacht. Im Prinzip kann damit jede Funktion differenziert werden, die differenzierbar ist. Es gibt noch spezielle Tricks, die aber hier nicht verraten werden sollen.

Die Frage, warum die Kettenregel nicht zusammen mit den anderen Ableitungsregeln behandelt wurde, ist wohl nun beantwortet, ohne Differentialquotienten wäre sie kaum zu verstehen gewesen. Hier hat sie sich einfach so ergeben.

Nun, da Ableitungen von Funktionen verständlich geworden sind, geht es weiter mit Anwendungen.

### 5.7. Extremwerte, nicht so einfach, aber nützlich

Der russische Mathematiker P. L. Tschebyschew (1821–1894) hat einmal gesagt, daß früher Götter den Menschen Probleme gestellt haben, später Halbgötter und große Männer, heute aber die bittere Not uns Aufgaben vorlegt.

Das ist ein treffendes Gleichnis, denn es sagt, daß sich die Mathematiker in immer stärkerem Maße der Lösung von praktischen Problemstellungen zugewandt haben, wobei sie ihre Theorie weiterentwickelten. Und ist es nicht die »bittere Not«, die uns zur Lösung eines Problemes zwingt, so streben wir nicht schlechthin zu einer Lösung – wir wollen das Problem optimal lösen, um der »bitteren Not« keine Tür öffnen zu müssen.

In einem Brief des Johannes Regiomontanus[23] findet sich die Formulie-

---

[23] Johannes Regimontanus (lateinische Form von Johannes Müller) lebte von 1436 bis 1476. Nach dem Besuch der Universitäten Leipzig (1448) und Wien (1450) gab er um 1450 ein Werk heraus, das alle bis dahin bekannten Erkenntnisse zur Trigonometrie enthält, wobei der Kosinussatz neu aufgenommen wurde. J. Regimontanus wirkte im Herzogtum Coburg.

rung einer Maximumaufgabe: »Eine 10 Fuß[24] lange Stange ist senkrecht aufgehängt, so daß ihr unteres Ende noch 4 Fuß von der Erde absteht. Man sucht den Punkt auf dem Boden, von welchem die Stange am längsten, d. h., da es unendlich viele solcher Punkte gibt, die alle auf einer Kreislinie liegen, sucht man den Abstand derselben vom unteren Ende der aufgehängten Stange (Fußpunkt — d. A.).«
Die Aufgabe wurde von Regiomontanus mit rein geometrischen Mitteln gelöst.

Da die Strecken a und b senkrecht auf x stehen, gilt

$$\tan(\varphi + \alpha) = \frac{a+b}{x}$$

oder  $a + b = x \cdot \tan(\varphi + \alpha)$.

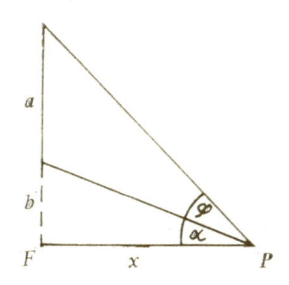

Die trigonometrische Beziehung zur Berechnung des Tangens einer Winkelsumme[25] wird auf der rechten Seite eingesetzt.

$$a + b = x \frac{\tan \varphi + \tan \alpha}{1 - \tan \varphi \tan \alpha}.$$

Da $\tan \alpha = \dfrac{b}{x}$ ist, folgt $b = x \tan \alpha$.

$$a + b = \frac{x \tan \varphi + x \tan \alpha}{1 - \tan \varphi \tan \alpha}$$

Der Hilfswinkel $\alpha$ wird aus der Formel entfernt $\Big($Beziehung: $b = x \tan \alpha$ oder $\tan \alpha = \dfrac{b}{x}\Big)$.

$$a + b = \frac{x \tan \varphi + b}{1 - \dfrac{b}{x} \tan \varphi}$$

---

[24] Längenmaß, dessen Größe in Abhängigkeit vom Ort, an dem gemessen wurde, in den deutschen Staaten zwischen 25 und 34 cm lag

[25] $\tan(x+y) = \dfrac{\tan x + \tan y}{1 - \tan x \tan y}$

$$a + b = \frac{\dfrac{x \tan \varphi + b}{x - b \tan \varphi}}{x}$$

$$a + b = \frac{x^2 \tan \varphi + bx}{x - b \tan \varphi}$$

Die Beziehung wird nach $\tan \varphi$ aufgelöst:

$(a + b)(x - b \tan \varphi) = x^2 \tan \varphi + bx$

$ax - ab \tan \varphi + bx - b^2 \tan \varphi = x^2 \tan \varphi + bx$

$x^2 \tan \varphi + b^2 \tan \varphi + ab \cdot \tan \varphi = ax$

$\tan \varphi \, (x^2 + b^2 + ab) = ax$

$$\tan \varphi = \frac{ax}{x^2 + b^2 + ab} \, .$$

Die Ableitung von $\tan \varphi$ nach x erfolgt nach der Quotientenregel

$$\frac{d \tan \varphi}{dx} = \frac{(x^2 + b^2 + ab) \, a - ax \cdot 2x}{(x^2 + b^2 + ab)^2} = \frac{a \, (-x^2 + b^2 + ab)}{(x^2 + b^2 + ab)^2} \, .$$

Aus dem Quotienten wird sichtbar, daß

$\tan \varphi$ größer wird, wenn $x < \sqrt{b^2 + ab}$ ist,

und $\tan \varphi$ kleiner wird, wenn $x > \sqrt{b^2 + ab}$ ist.

Demzufolge heißt die Lösung $x = \sqrt{ab + b^2}$.
In der Aufgabe ergibt das für x einen Wert von $\sqrt{10 \cdot 4 + 16} = \sqrt{56}$, etwa 7,5 Fuß.

Die Lösung kann auch
geometrisch bestimmt werden.

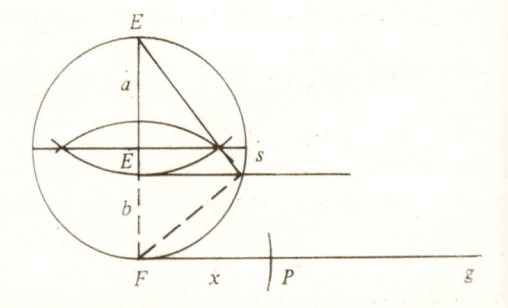

Die Strecke $\overline{EF}$ wird halbiert und im Mittelpunkt ein Kreisbogen geschlagen.
Durch den Endpunkt E' der Stange wird eine Parallele zur waagerechten

Bodenlinie g gezogen. Ihr Schnittpunkt S mit dem Kreis legt einen Eckpunkt des Dreiecks FSE fest. Nach dem Satz des Thales ist der Winkel FSE ein rechter Winkel. Im rechtwinkligen Dreieck gilt nach dem Höhensatz

$h^2 = ab$.

Nach dem Satz des Pythagoras ist im Dreieck FSE' $x^2 = b^2 + h^2$.
Daraus ergibt sich für $x^2 = b^2 + ab$

$x = \sqrt{b^2 + ab}$.

Somit ist die Länge der Strecke x nur noch mit dem Zirkel auf die Gerade g zu übertragen, um den gesuchten Punkt zu erhalten.
Wir erinnern an den Kleintierhalter, an die Hühnerhofgeschichte: Der Mann sucht nach weiteren Einnahmequellen. Er arbeitet für einen Künstler, der gerne in Bleirahmen gefaßte Glasscheiben hätte; sie sollen aus einem Rechteck mit aufgesetztem Halbkreis bestehen. Man beabsichtigt, die kunstvoll bemalten Gläser als begehrte Artikel auf den Markt zu bringen. Bleirahmen sind teuer, und so ist das Bedürfnis verständlich, mit einem fest vorgegebenen Umfang möglichst viel Malfläche in Glas einzufassen. Für ein Bild stehen 50 cm Bleirahmen zur Verfügung. Beeindruckt vom Ergebnis für die Hühner, wählt der Hersteller wieder ein Quadrat und setzt darauf einen Halbkreis. Die Fläche, die sich bei dieser Technologie ergibt, läßt sich schnell berechnen. Der Umfang von 50 cm verteilt sich auf 3 Rechteckseiten und den aufgesetzten Halbkreis.

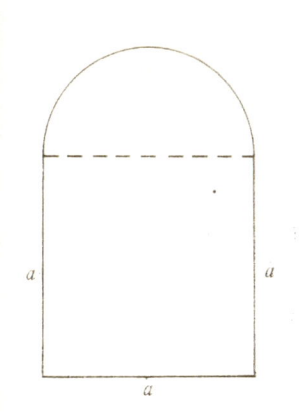

$$50 = 3a + \frac{1}{2}\pi a$$

(a ist gleichzeitig der Durchmesser des Halbkreises) $4{,}57\,a = 50 \rightarrow a = 11$ cm.

Damit wird eine Glasfläche von

$$A = \frac{1}{2}\,5{,}5^2\,\pi + 11^2 = 168{,}5 \text{ cm}^2 \text{ gerahmt}$$

$$\left(A = \frac{1}{2}\pi r^2 + a^2\right).$$

Ist das wirklich die größte Fläche, die auf diese Weise mit 50 cm Bleirahmen eingefaßt werden kann? Der Künstler, der möglichst viel Platz für seine reichhaltigen gestalterischen Ideen braucht, hat seine Zweifel, und der tüchtige Nebenarbeiter rechnet. Jeder auf solche Weise gewonnene Quadratzentimeter bedeutet in der Tat einen Quadratzentimeter mehr Kunst bei gleichen Kosten für den teuren Bleirahmen. Die Fläche, die maximal berechnet werden soll, wird, wie die Skizze zeigt, nach der Gleichung

$$A = ab + \frac{1}{2}\left(\frac{a}{2}\right)^2 \pi$$

berechnet, wobei zunächst einmal die untere Fläche nicht, wie erst angenommen, als Quadrat, sondern als Rechteck eingesetzt wird. Die Fläche hängt nun aber von den zwei unabhängigen Variablen a und b ab, die jedoch, bedingt durch den vorgegebenen Umfang, nicht beliebig und vor allem nicht unabhängig voneinander geändert werden dürfen. Der Umfang beträgt

$$U = a + 2b + \frac{1}{2}\pi a.$$

Die Auflösung nach b bringt

$$b = \frac{U}{2} - a\left(\frac{1}{2} + \frac{\pi}{4}\right). \qquad *$$

Diesen Ausdruck in die Flächenfunktion eingesetzt, ergibt die Funktion mit der gewünschten Gestalt.

$$A = f(a) = a\left[\frac{U}{2} - a\left(\frac{1}{2} + \frac{\pi}{4}\right)\right] + \frac{1}{2}\left(\frac{a}{2}\right)^2 \pi$$

Vor dem Differenzieren wird die Funktion vereinfacht, was zum Ausdruck

$$A = \frac{U}{2}a - \left(\frac{\pi}{8} + \frac{1}{2}\right)a^2 \quad \text{führt.}$$

$$\frac{dA}{da} = \frac{U}{2} - \left(\frac{\pi}{4} + 1\right) a \qquad \frac{d^2 A}{da^2} = -\left(\frac{\pi}{4} + 1\right) < 0$$

Nullsetzen der 1. Ableitung ergibt den Wert von a, der A zum Maximum werden läßt.

Für alle Werte von a, so auch für das hier bestimmte Extremum, wird die Negativität der 2. Ableitung gesichert.

$$a = \frac{2U}{\pi + 4}$$

Welchen Wert erhält man nun für b? Aus * folgt der optimale Wert, wenn für a der berechnete eingesetzt wird.

$$b = \frac{U}{2} - \frac{2U}{\pi + 4} \cdot \frac{2 + \pi}{4} = \frac{U}{2} - \frac{U(2 + \pi)}{2(\pi + 4)} = \frac{U}{\pi + 4}$$

Das heißt, die Wahl von a = b ergibt kein Optimum, wie ursprünglich angenommen wurde. Die optimale Fläche wird erreicht, wenn im Rechteck die Breite den doppelten Wert der Höhe hat.

Für U die 50 cm des vorgesehenen Wertes eingesetzt:

a = 14 cm und b = 7 cm.

Das ergibt die optimale Fläche von

$A_{max} = 175{,}0$ cm².

Gegenüber der ersten, nicht optimalen Variante bedeutet das für den Maler einen Gewinn von 6,5 cm², was einem Zuwachs von 3,8 % entspricht. Mit dem gleichen Bleirahmen kann also nach 27 Bildern die Fläche eines ganzen Bildes zusätzlich gerahmt werden. Es lohnt sich, selbst bei solchen Dingen die Möglichkeiten der Optimierung zu nutzen.

Doch der Maler denkt bereits weiter. Seine Kunstwerke wurden als Briefsendungen durch die Post verschickt. Dem Bedürfnis nach einer guten Verpackung der zarten Gebilde Rechnung tragend, wählt der Künstler die Rollenform von Briefen und möchte ein großes Volumen erreichen, um eine maximale Menge von Watte zur Verpackung verwenden zu können. Ein Brief in Rollenform entspricht der Form eines Zylinders, für den die internationale Postvereinbarung jedoch feste Höchstgrenzen vorschreibt:

– Länge und zweifacher Durchmesser zusammen höchstens 104 cm,
– Länge nicht mehr als 90 cm,
– Länge und zweifacher Durchmesser zusammen mindestens 17 cm,
– größte Ausdehnung mindestens 10 cm.

Durch die Bleieinsparung beim Rahmen mutig geworden, gehen Künstler und Heimwerker auch an die optimale Gestaltung der Verpackungsrollen. Sie scheuen diese Mühe nicht, um ein Zerbrechen der Werke zu verhindern.

Das Volumen der Rolle ist

$$V_{Zyl} = \left(\frac{d}{2}\right)^2 \pi\, h.$$

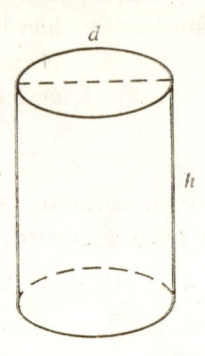

Maximales Volumen stellt sich demzufolge alleine ein, wenn h und d genügend groß gemacht werden. Doch da gibt es die erste Bedingung der Post. In einer Gleichung ausgedrückt, bedeutet sie

$h + 2\,d = 104$

$h = 104 - 2\,d.$

In den zu optimierenden Volumenausdruck eingesetzt, ergibt es

$$V_{Zyl} = \pi\, \frac{d^2}{4}(104 - 2\,d) = 26\,\pi\,d^2 - \frac{\pi}{2}\,d^3$$

$$\frac{dV}{dd} = 52\,\pi\,d - \frac{3}{2}\,\pi\,d^2 \quad \text{und} \quad \frac{d^2 V}{d\,d^2} = 52\,\pi - 3\,\pi\,d$$

$$0 = 52\,\pi\,d - \frac{3}{2}\,\pi\,d^2$$

$d\left(52\,\pi - \frac{3}{2}\,\pi\,d\right) = 0 \qquad\qquad d_1 = 0$

$52\,\pi - \frac{3}{2}\,\pi\,d = 0 \qquad\qquad d_2 = \frac{104}{3}.$  Das sind die möglichen Extremwerte.

$\dfrac{d^2 V}{d\,d^2}(0) = 52\,\pi > 0 \rightarrow$ Minimum (das war kaum anders zu erwarten!)

$\dfrac{d^2 V}{d\,d^2}\left(\dfrac{104}{3}\right) < 0 \rightarrow$ Maximum.

**118**

Demzufolge ist der Durchmesser der Rolle 34,7 cm groß zu wählen und die Höhe (oder Länge) der Rolle.

h = 104 − 2 · 34,7 = 34,6 cm.

Durch Addieren der Werte wird die erste Forderung der Post genau eingehalten, die zweite unterboten, und auch die letzten beiden werden bestens erfüllt. Bei solcher Wahl ergibt sich das maximale Volumen des Rollenbriefes zu

$$V_{Zyl} = \frac{\left(\frac{104}{3}\right)^2 \cdot \pi \cdot \frac{104}{3}}{4} = 32\,721 \text{ cm}^3 = 32,721 \text{ dm}^3.$$

Multipliziert mit der spezifischen Dichte der Watte und mit der Anzahl der zu verschickenden Sendungen, ergeben sich die zu bestellende Masse und daraus der Preis für das Verpackungsmaterial.

Ein Versuch zeigt auch, daß die optimierten Glasminiaturmalereien in die optimierte Rolle passen, noch besser jedoch, wenn sich Glasbilder rollen lassen würden. Überhaupt ist wohl hier ein Wort angebracht: Beschränkt sich die Anwendung der Mathematik auf Fragen, wie sie hier angegeben wurden, dann wird der künstlerische Wert der Glasminiaturen überhaupt nicht beeinträchtigt. Warum soll auch nicht derjenige Mathematik anwenden, der handwerkliche oder künstlerische Erzeugnisse schafft?

Also weiter in dieser Geschichte.

Der Künstler will nun auch den Bezug der Glasrohlinge optimieren. In einem Jahr benötigt er 1 000 Stück der gewünschten Form. Sie kosten pro Stück 32,00 M. Jede Lieferung soll den gleichen Umfang haben. Bei n Lieferungen zu x Stück muß die Gleichung x · n = 1 000 erfüllt werden, um den Bedarf des Künstlers zu befriedigen. Jede der n Lieferungen verursacht Kosten in Höhe von 50,00 M. Wären das die einzigen Kosten, so ergäbe sich dann ein Minimum, wenn alle 1 000 Stück mit einer Lieferung kämen, das heißt, wenn n = 1 und x = 1 000 wäre. Hingegen erfordert die Lagerung der gerahmten Gläser Kosten in Höhe von 3,20 M pro Stück.

Wieviel Lieferungen (n) sind zu vereinbaren, damit die Summe aus Waren-, Transport- und Lagerkosten für den Künstler minimal wird?

$K = K_W + K_T + K_L = 32 \cdot 1\,000 + 50\,n + 3{,}2\,x$

mit $x = \dfrac{1\,000}{n}$

$K = 32 \cdot 1\,000 + 50\,n + \dfrac{3\,200}{n}$

$$\frac{dK}{dn} = 50 - \frac{3200}{n^2} \qquad \frac{3200}{n^2} = 50$$

$$\frac{d^2K}{dn^2} = \frac{6400}{n^3} > 0 \quad \text{für } n > 0 \qquad 50\,n^2 = 3200$$

$$n = 8$$

Der negative Wert von n entfällt.

Es sind minimale Kosten gesichert, wenn 8 Lieferungen zu $\frac{1000}{8} = 125$ Stück vereinbart werden.

Eine Übersicht zeigt noch einmal, wie sich die konstanten Beschaffungskosten und die gegenläufigen Lager- und Transportkosten auf die Gesamtkosten auswirken. Kann die optimale Zahl von 8 Lieferungen pro Jahr nicht eingehalten werden, so ist es sinnvoll, mehr Lieferungen zu vereinbaren, denn die Lagerkosten fallen schneller, als die Transportkosten steigen.

Gegenüber der Variante, daß alles auf einmal bezogen wird, ist bei der optimalen Zahl von 8 Lieferungen immerhin eine Einsparung von fast 7 % zu erreichen. Wer möchte dieses Geld wohl gerne verschleudern?

| Anzahl der Lieferungen | Umfang der Lieferungen in Stück | Konstante Anschaffungskosten | Transportkosten in Mark | Lagerkosten in Mark | Gesamtkosten in Mark |
|---|---|---|---|---|---|
| 1 | 1000 | 32000 | 50 | 3200 | 35250 |
| 4 | 250 | 32000 | 200 | 800 | 33000 |
| optimal 8 | 125 | 32000 | 400 | 400 | 32800 |
| 10 | 100 | 32000 | 500 | 320 | 32820 |
| 20 | 50 | 32000 | 1000 | 160 | 33160 |

Unsere Beispiele sind von der Problemstellung her Extremwertaufgaben. Allen ist gemeinsam, daß ein Maximum oder Minimum einer Größe gesucht wird, die von einer oder mehreren Größen abhängt. An die unabhängigen Größen können bestimmte Bedingungen geknüpft sein.

Wie werden derartige nützliche Problemstellungen gelöst?

1. Zunächst wird ermittelt, welche Größe optimal werden soll, welcher Art das Optimum ist und von welchen Größen die zu optimierende Größe abhängt.

2. Für die zu optimierende Größe wird eine Gleichung angegeben, in der die Abhängigkeit von den anderen Größen erfaßt wird.

3. Hängt die zu optimierende Größe von mehreren unabhängigen Größen ab, so sind die gegebenen Bedingungen zu nutzen, Gleichungen aufzu-

stellen und so viele Größen zu ersetzen, daß die zu optimierende Größe nur noch von einer Variablen abhängt.
4. Die so ermittelte Funktion ist nach der unabhängigen Variablen abzuleiten. Es ist, um einen exakten Extremwert der gesuchten Art nachweisen zu können, notwendig, die ersten beiden Ableitungen zu bilden.
5. Die 1. Ableitung wird Null gesetzt und aus der so entstehenden Gleichung ein möglicher Extremwert für die unabhängige Variable berechnet.
6. Die im vorigen Schritt bestimmten möglichen Extremwerte werden überprüft, indem man sie in die 2. Ableitung einsetzt. Ergeben sich Extremwerte der gesuchten Art, so kann in 7. der optimale Wert der gesuchten Größe berechnet werden.
7. Berechnung des gesuchten Optimums
8. Da es sich bei Extremwertaufgaben immer um praktische Probleme handelt und die Übersetzung in ein mathematisches Modell erfolgte, in dem alleine differenziert oder Null gesetzt werden kann, sind die mathematischen Größen wieder in praktische umzusetzen. Das meint der Mathematiklehrer, wenn er zur Textaufgabe einen Antwortsatz fordert.
Der Antwortsatz kann im letzten Beispiel heißen:
Bei 8 Lieferungen zu 125 Stück ergeben sich minimale Kosten für die Beschaffung der Glasrohlinge in Höhe von 32 800 M.
Ein gewisses Schema wurde durch diese 8 Punkte angegeben. Natürlich ist jede Aufgabe ein neues Problem, das eigenständige Überlegungen erfordert. Dabei können Formelsammlungen und vor allem fachliches Wissen über den jeweils zu behandelnden Problemkreis eine wichtige Unterstützung geben. Es bleibt jedoch auch hier für jede Aufgabe ein hohes Maß von schöpferischen Überlegungen. Kein Problem gleicht dem anderen! Das ist auch gut so, denn wie langweilig wäre wohl unsere Welt, könnte sie durch ein standardisiertes mathematisches Modell dargestellt werden, das universell anwendbar ist.
Und nun eine etwas komplizierte Aufgabe!
Es geht um den Transport von Steinen, die in der Gewinnungsstätte B gefördert und zum Lieferort L gebracht werden müssen. Klar ist, daß die Transportkosten pro Kilometer und Tonne auf dem Land höher sind als auf dem Wasser.
Deswegen soll nach Möglichkeit ein Hafen zwischen dem senkrechten Fußpunkt von B zum Wasserlauf und zu dem Lieferort entstehen, in dem die Steine umgeladen und mit dem Schiff weitertransportiert werden. Die Kosten auf der Straße betragen einschließlich der Straßenbaukosten 0,24 M pro Tonne und Kilometer. Die Transportkosten zu Wasser betragen pro Tonne und Kilometer einschließlich Hafenbaukosten 0,08 M. Den

Bezieher der Steine interessiert nicht, wie diese von der Gewinnungsstätte zu ihm gelangen, denn höhere Transportkosten machen die Steine nicht wertvoller. Deshalb ist er brennend daran interessiert, die Steine so billig wie nur irgend möglich zu erhalten. Genaue Maßangaben sind aus der Skizze zu entnehmen.

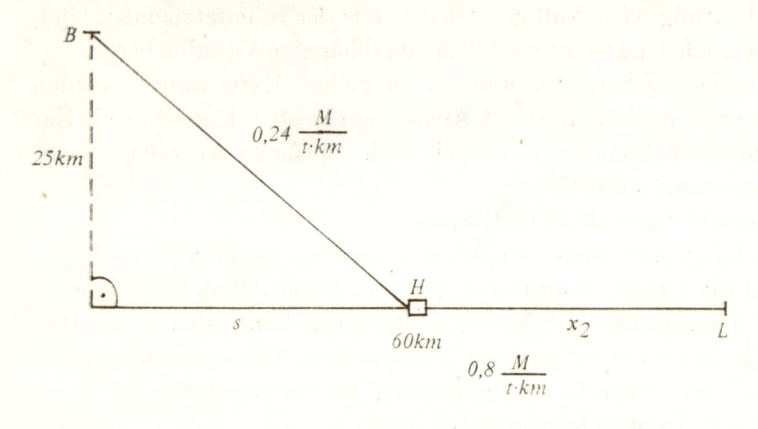

1. Die Transportkosten pro Tonne sollen minimiert werden:

$K = f(x_1, x_2)$

2. $K = K_l + K_w = 0{,}24\, x_1 + 0{,}08\, x_2$      minimal

$K_l$: Kosten auf dem Landweg
$K_w$: Kosten auf dem Wasserweg.

3. Es soll K von s abhängig werden, denn im Fußpunkt von B am Wasserlauf beginnt der Bautrupp die Lage des neuzubauenden Hafens zu vermessen.

$x_2 = 60 - s$

(rechtwinkliges Dreieck – Satz des Pythagoras)    $x_1 = \sqrt{25^2 + s^2}$
Ersetzen von $x_1$ und $x_2$ führt zu der gesuchten Kostenfunktion $K(s)$.

$K = 0{,}24\sqrt{25^2 + s^2} + 0{,}08\,(60 - s)$.

4. $\dfrac{dK}{ds} = \dfrac{0{,}24 \cdot 2s}{2 \cdot \sqrt{25^2 + s^2}} - 0{,}08 = \dfrac{0{,}24\, s^2}{\sqrt{25^2 + s^2}} - 0{,}08$

$\dfrac{d^2K}{ds^2} = \dfrac{\sqrt{25^2 + s^2} \cdot 0{,}24 - \dfrac{0{,}24 \cdot s}{\sqrt{25^2 + s^2}}}{25^2 + s^2} = \dfrac{25^2 \cdot 0{,}24}{(25^2 + s^2)^{\frac{3}{2}}} > 0$

Beim Differenzieren der Wurzel ist das »Nachdifferenzieren« nicht zu vergessen und die Kettenregel konsequent anzuwenden.
Durch den Wert der 2. Ableitung ist gesichert, daß für alle S minimale Kosten entstehen (Wert ist größer als Null).
Bei der 2. Ableitung wird zunächst die Kettenregel angewandt, wobei bei der Differentiation des Zählers nochmals auf die Kettenregel geachtet werden muß.

5. $\dfrac{0{,}24\,s}{\sqrt{25^2 + s^2}} = 0{,}08$

$3\,s = \sqrt{25^2 + s^2}$

$9\,s^2 = 625 + s^2$

$s^2 = 78{,}125$ und damit

$s = 8{,}839\ \text{km}$

Punkt 6 wurde bereits im Punkt 4 erledigt.

7. Der Punkt soll noch ausführlicher behandelt werden, als das notwendig ist. Zusätzlich werden zum Vergleich zwei weitere Varianten berechnet.

| Die Kosten betragen pro Tonne in Mark | auf dem Land | auf dem Wasser | insgesamt |
|---|---|---|---|
| 1. Variante – nur Land | $l = \sqrt{60^2 + 25^2} = 65\ \text{km}$ <br> 15,60 | — | 15,60 |
| 2. Variante – maximale Ausnutzung der billigeren Wassertransportkosten | 6,00 | 4,80 | 10,80 |
| 3. optimale Variante <br> $x_1 = 26{,}517$  $x_2 = 51{,}161$ <br> (Land)        (Wasser) | 6,36 | 4,09 | 10,45 |

Das ist natürlich kein Pappenstiel. Der in der letzten Spalte angegebene Kostensatz bezieht sich ja auf eine Tonne. Beachtet sei, daß täglich viele, viele Tonnen transportiert werden müssen, womit sich der Nutzen vervielfacht.
Die optimale Variante spart gegenüber der Landvariante pro Tonne ganze 5,15 M ein, was 33 % entspricht. Auch gegenüber der Wasservariante tritt noch die wesentliche Einsparung von 0,35 M pro Tonne ein. Das ist mit 3,2 % eine wesentliche Verbesserung.

8. Der Hafen ist im Abstand von 8,839 km, bezogen auf den senkrechten Abstand des Fußpunktes der Gewinnungsstätte, zu bauen.

Die recht lohnende Sache der Extremwertbestimmung sei hier noch nicht abgeschlossen. Gehen wir mit offenen Augen durch die Welt, so werden sich wie von selbst zahlreiche Beispiele und Möglichkeiten bieten, um den Dingen einen Vorteil abzutrotzen. Der Einsatz ist dabei gering.

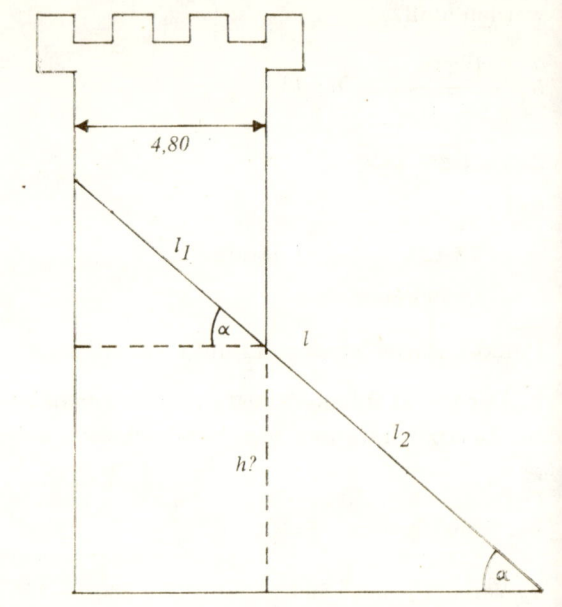

Wie kommt die Leiter in den Turm?

Wie hoch muß die Tür in einem Turm mit der Breite 4,80 m sein, damit eine Leiter mit der Länge 6,40 m durch die Öffnung in den Turm hineingebracht werden kann (natürlich ohne Zerlegung)?

Wir bekommen eine Extremwertaufgabe, wenn die Öffnung nur gerade so hoch sein soll, daß die Forderung der Aufgabenstellung erfüllt werden kann. Es ist die minimale Höhe der Türöffnung zu bestimmen.

$$l = l_1 + l_2 \qquad l_1 = \frac{4,80}{\cos \alpha} \qquad l_2 = \frac{h}{\sin \alpha}$$

$$l = \frac{4,80}{\cos \alpha} + \frac{h}{\sin \alpha} \qquad h = \left(1 - \frac{4,80}{\cos \alpha}\right) \sin \alpha$$

$$h = f(\alpha) = l \cdot \sin \alpha - 4,80 \, \frac{\sin \alpha}{\cos \alpha}$$

$$h = f(\alpha) = l \cdot \sin \alpha - 4,80 \cdot \tan \alpha \to \text{minimal}$$

$$\frac{dh}{d\alpha} = 1 \cdot \cos\alpha - 4{,}80 \frac{1}{\cos^2\alpha} \qquad 1 \cdot \cos\alpha - \frac{4{,}80}{\cos^2\alpha} = 0$$

$$\frac{4{,}80}{\cos^2\alpha} = 1 \cdot \cos\alpha$$

$$1 \cdot \cos^3\alpha = 4{,}80$$

$$\cos^3\alpha = \frac{4{,}80}{6{,}40}$$

$$\cos\alpha = \sqrt[3]{\frac{3}{4}}$$

Nach der Beziehung $\sin^2\alpha + \cos^2\alpha = 1$ wird der Kosinus in den Sinuswert umgerechnet.

$$\sin\alpha = \sqrt{1 - \sqrt[3]{\frac{9}{16}}}.$$

Damit ist die gesuchte Höhe

$$h = 6{,}40 \sqrt{1 - \sqrt[3]{\frac{9}{16}}} - 4{,}80 \frac{\sqrt{1 - \sqrt[3]{\frac{9}{16}}}}{\sqrt[3]{\frac{3}{4}}}$$

$$h = \sqrt{1 - \sqrt[3]{\frac{9}{16}}} \left(6{,}40 - 4{,}80 \cdot \frac{4}{3} \sqrt[3]{\left(\frac{3}{4}\right)^2}\right)$$

$$h = 6{,}4 \sqrt{1 - \sqrt[3]{\frac{9}{16}}} \left(1 - \sqrt[3]{\frac{9}{16}}\right)$$

$$h = 6{,}4 \sqrt{\left(1 - \sqrt[3]{\frac{9}{16}}\right)^3}$$

$$h = 0{,}47 \text{ m}.$$

Die Öffnung am Boden des Turmes muß mindestens 0,47 m betragen.

Wie kommt eine Spanplatte um die Ecke?
Eine Holzplatte soll so lang wie möglich sein und um die in der Skizze angegebene Ecke getragen werden. Welche ist die größte Länge, wenn ein Verbiegen nicht möglich ist?

UND WIE KOMMT DIE IN DEN TURM ?
NA, VON OBEN!
!!
LEITER IN DEN TURM;
HIER IST ZU!
!!
ABER DIE TÜR IST VIEL ZU KLEIN!!
NUN IST ES ABER GENUG!
LASS SEIN! SOOO SCHAFFEN WIR'S NIE!
KNIRSCH
GRRR!
KNACKS!
KNARRR

127

l: maximal

$l = l_1 + l_2$

$l_1^2 = x^2 + 1{,}20^2$

$x = \sqrt{l_1^2 - 1{,}20^2}$

Aus der Ähnlichkeit der Dreiecke folgt: $\dfrac{x}{l_1} = \dfrac{2{,}60}{l_2}$ $\quad l_2 = \dfrac{2{,}60\, l_1}{x}$

$l = l_1 + \dfrac{2{,}60\, l_1}{\sqrt{l_1^2 - 1{,}20^2}}$

$\dfrac{d\, l}{d\, l_1} = 1 + \dfrac{\sqrt{l_1^2 - 1{,}20^2} \cdot 2{,}60 - 2{,}60\, l_1 \dfrac{2\, l_1}{2\sqrt{l_1^2 - 1{,}20^2}}}{l_1^2 - 1{,}20^2}$

$1 + \dfrac{2{,}60\,(l_1^2 - 1{,}20^2) - 2{,}60\, l_1^2}{(l_1^2 - 1{,}20^2)^{\frac{3}{2}}} = 0$

$\dfrac{1{,}20^2 \cdot 2{,}60}{(l_1^2 - 1{,}20^2)^{\frac{3}{2}}} = 1$

$(l_1^2 - 1{,}20^2)^{\frac{3}{2}} = 1{,}20^2 \cdot 2{,}60$

$l_1^2 - 1{,}20^2 = 2{,}41$

$l_1^2 = 3{,}85$

$l_1 = 1{,}96$

$l_2 = \dfrac{2{,}60 \cdot 1{,}96}{\sqrt{1{,}96^2 - 1{,}20^2}} = 3{,}29$

$l = 3{,}29 + 1{,}96$

$l = 5{,}25 \text{ m}$

Die Länge der Platte darf maximal 5,25 m betragen.
Auf den Nachweis des Extremums durch die 2. Ableitung wurde verzichtet.

Wie weit und hoch fliegt eine Kugel?

Eine Kugel wird mit der Geschwindigkeit $v_0$ unter dem Winkel $\alpha$ gegen die Horizontale gestoßen. Wie hoch und weit fliegt die Kugel, und welche Zeit benötigt sie für den Flug? Der Luftwiderstand und die Körperhöhe des Stoßenden sollen dabei unberücksichtigt bleiben.

Ohne die Schwerkraft würde die Kugel auf einer Geraden mit dem Anstieg $\tan \alpha$ vom Koordinatenursprung schräg abfliegen und in diese Richtung unbegrenzt weiterfliegen.

Doch wenn sie den Weg $s = v_0 t$ zurücklegt, so fällt sie gleichzeitig um

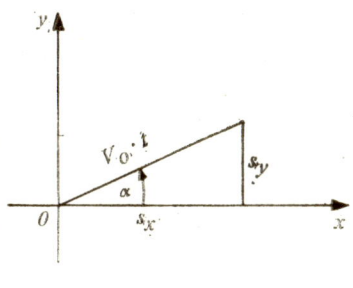

$$s_y = -\frac{g}{2} t^2.$$

$$\cos \alpha = \frac{x}{v_0 \cdot t} \qquad \sin \alpha = \frac{y - \frac{g}{2} t^2}{v_0 t}$$

$$x = v_0 t \cos \alpha \qquad y = v_0 t \sin \alpha + \frac{g}{2} t^2$$

Der Parameter $t$ wird herausgelöst $\left( t = \frac{x}{v_0 \cos \alpha}; \alpha \neq 90° \right)$.

Daraus ergibt sich eine nach unten geöffnete Wurfparabel.

$$y = \frac{\sin \alpha}{\cos \alpha} x - \frac{g}{2} \frac{x^2}{v_0^2 \cos^2 \alpha}$$

$$y = x \tan \alpha - \frac{g}{2 v_0^2 \cos^2 \alpha} x^2$$

Die Wurfhöhe ist das Maximum der Wurfparabel.

$$\frac{dy}{dx} = \tan \alpha - \frac{g}{v_0^2 \cos^2 \alpha} x = 0 \qquad x = \frac{v_0^2}{g} \sin \alpha \cos \alpha$$

$$y \left( \frac{v_0^2}{g} \sin \alpha \cos \alpha \right) = \frac{v_0^2}{g} \sin^2 \alpha - \frac{v_0^2}{2g} \sin^2 \alpha$$

$$y = \frac{v_0^2}{2g} \sin^2 \alpha$$

Die Flugweite ergibt sich aus der Symmetrie der Parabel.

$$2x = \frac{2v_0^2}{g} \sin \alpha \cos \alpha$$

Daraus ergibt sich aus der Funktion die Flugzeit.

$$t(2x) = \frac{2v_0^2 \sin \alpha \cos \alpha}{g v_0 \cos \alpha} = \frac{2v_0}{g} \sin \alpha$$

Mit welchem Winkel springt der Weltrekordler im Weitsprung?
Bei Vernachlässigung des Luftwiderstandes muß ein Weitspringer mit welchem Winkel gegen die Absprungebene springen, um eine höchste Weite zu erreichen?
(Aus dem Ergebnis der vorigen Aufgabe folgt

$$w = f(\alpha) = \frac{2v_0^2}{g} \sin \alpha \cos \alpha; \quad 2x = w.$$

$$\frac{dw}{d\alpha} = \frac{2v_0^2}{g}(-\sin^2 \alpha + \cos^2 \alpha) = 0$$

$$\sin^2 \alpha = \cos^2 \alpha$$

$$\sin \alpha = \cos \alpha$$

$$\alpha = 45°.$$

Bei einem Winkel von 45° werden der Weitspringer wie auch der Kugelstoßer die größte Weite erreichen. Erinnern nicht auch Sie sich Ihres Sportlehrers? Wie sagte er doch: Höherer Absprung, wenn ich bitten darf. Freilich verringert der Luftwiderstand den Winkel etwas.
Das war eine ganz kleine Auswahl von möglichen Anwendungsbeispielen zur Berechnung von Extremwerten. Sie zeigten, welche Fundgrube die etwa 300 Jahre alte Infinitesimalrechnung gerade heute für uns darstellt, da »die bittere Not« uns Probleme aufzwingt. Nutzen wir die Möglichkeiten zu unserem Vorteil!

## 5.8. Flächen — beliebig begrenzt und ihr Flächeninhalt

Die Schulgeometrie hat vielerlei Formeln, um den Flächeninhalt von geradlinig begrenzten Flächen zu berechnen. Ob es die Trapez-, Rechteck-, Dreiecks- oder Parallelogrammfläche ist, immer stehen geeignete

Formeln zur Verfügung, in die nur die gegebenen Seiten eingesetzt werden müssen. Alle diese Beziehungen lassen sich auf die Formel zur Berechnung der Rechteckfläche zurückführen, deren Maßzahl sich aus dem Produkt der Maßzahlen von Länge mal Breite ergibt, wenn diese in der gleichen Maßeinheit vorgegeben sind.

Bekannt ist auch, daß ein beliebiges Vieleck so in Dreiecke zerlegt wird, daß sich seine Fläche aus der Summe der Dreiecksflächen ergibt. So geht eigentlich alles recht problemlos, solange die Begrenzungsseiten geradlinig sind. Die erste krummlinig begrenzte Fläche, die in der Schule behandelt wird, ist die Kreisfläche. Und hier konnte nie eine exakte Begründung dafür angegeben werden, wieso eigentlich

$$A = \pi r^2$$

sein soll. Das wird letztlich schon aus der Verwendung der nichtrationalen Zahl $\pi$ klar. In der Praxis wird sich deswegen die Kreisfläche immer nur als Näherungswert angeben lassen, der jedoch jeder beliebigen noch so hohen Genauigkeitsanforderung genügen kann.

Doch wagen wir uns mit unseren Kenntnissen aus der Infinitesimalrechnung, vor allem mit denen vom Grenzwert, auch an diese Fläche heran! Gehen wir dazu von einem Kreis aus, dessen Mittelpunkt im Ursprung des Koordinatensystems liegt. Was ist aber nun ein Kreis? Ein Kreis ist eine Menge von Punkten, deren Abstand von einem Punkt (Mittelpunkt)

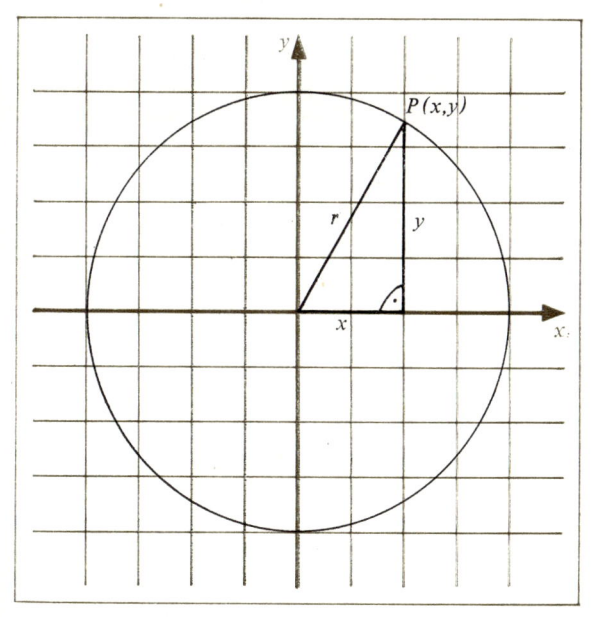

konstant ist. Nach dem Satz des Pythagoras genügen alle Kreispunkte (x, y) mit ihren Koordinaten der Beziehung

$$x^2 + y^2 = r^2.$$

Der Kreis ist geradezu das Muster der Symmetrie. Jeder Durchmesser ist eine Symmetrieachse. Der Kreis läßt sich durch ein Koordinatensystem, dessen Ursprung mit dem Kreismittelpunkt übereinstimmt, in 4 gleich große Teile zerlegen. Das ist dann gerechtfertigt, wenn sich alle folgenden Überlegungen auf den I. Quadranten beziehen. Außerdem soll der Radius eine Längeneinheit betragen (cm, m, mm, km; aber auch 5 cm, 3 cm, 2,47 cm usw.).

Die zu einer Abszisse (x) gehörende Ordinate (y) wird nach der Kreisgleichung berechnet und in einer Wertetafel erfaßt. Das sind die ersten beiden Spalten der Tabelle:

| x | $y = \sqrt{1-x^2}$ | n = 4, Δx = 0,25 | | n = 5, Δx = 0,20 | | n = 10, Δx = 0,10 | | n = 20, Δx = 0,05 | |
|---|---|---|---|---|---|---|---|---|---|
| | | u | e | u | e | u | e | u | e |
| 0,00 | 1,0000 | 1,0000 | | 1,0000 | | 1,0000 | | 1,0000 | |
| 0,05 | 0,9987 | | | | | | | 0,9987 | 0,9987 |
| 0,10 | 0,9950 | | | | | 0,9950 | 0,9950 | 0,9950 | 0,9950 |
| 0,15 | 0,9887 | | | | | | | 0,9887 | 0,9887 |
| 0,20 | 0,9798 | | | 0,9798 | 0,9798 | 0,9798 | 0,9798 | 0,9798 | 0,9798 |
| 0,25 | 0,9682 | 0,9682 | 0,9682 | | | | | 0,9682 | 0,9682 |
| 0,30 | 0,9539 | | | | | 0,9539 | 0,9539 | 0,9539 | 0,9539 |
| 0,35 | 0,9367 | | | | | | | 0,9367 | 0,9367 |
| 0,40 | 0,9165 | | | 0,9165 | 0,9165 | 0,9165 | 0,9165 | 0,9165 | 0,9165 |
| 0,45 | 0,8930 | | | | | | | 0,8930 | 0,8930 |
| 0,50 | 0,8660 | 0,8660 | 0,8660 | | | 0,8660 | 0,8660 | 0,8660 | 0,8660 |
| 0,55 | 0,8352 | | | | | | | 0,8352 | 0,8352 |
| 0,60 | 0,8000 | | | 0,8000 | 0,8000 | 0,8000 | 0,8000 | 0,8000 | 0,8000 |
| 0,65 | 0,7599 | | | | | | | 0,7599 | 0,7599 |
| 0,70 | 0,7141 | | | | | 0,7141 | 0,7141 | 0,7141 | 0,7141 |
| 0,75 | 0,6614 | 0,6614 | 0,6614 | | | | | 0,6614 | 0,6614 |
| 0,80 | 0,6000 | | | 0,6000 | 0,6000 | 0,6000 | 0,6000 | 0,6000 | 0,6000 |
| 0,85 | 0,5268 | | | | | | | 0,5268 | 0,5268 |
| 0,90 | 0,4359 | | | | | 0,4359 | 0,4359 | 0,4359 | 0,4359 |
| 0,95 | 0,3122 | | | | | | | 0,3122 | 0,3122 |
| 1,00 | 0,0000 | | 0,0000 | | 0,0000 | | 0,0000 | | 0,0000 |
| | | 3,4956 | 2,4956 | 4,2963 | 3,2963 | 8,2612 | 7,2612 | 16,1420 | 15,1420 |

Nun werden parallel zur y-Achse Linien in gleichem Abstand zueinander gezogen.

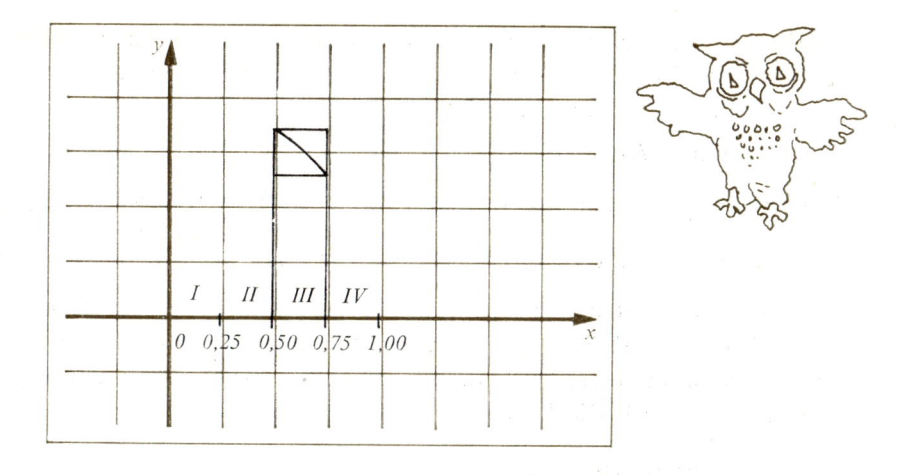

Bei 4 Parallelen beträgt der Abstand $\frac{r}{4}$, und mit r = 1 ist Δx = 0,25. Der Viertelkreis zerfällt dadurch in 4 Flächenstreifen, deren Fläche, es sei hier ausdrücklich gesagt, sich wegen der krummlinigen Begrenzung auch nicht berechnen läßt. Erkennbar ist nur, daß der Flächenstreifen mit der Nummer III einen Wert hat, der zwischen dem sogenannten eingeschriebenen und umbeschriebenen Rechteck liegt. Das eingeschriebene Rechteck hat einen Flächeninhalt, der sich aus dem Produkt des kleineren Funktionswertes (in diesem Fall der rechte Wert) und der konstanten Streifenbreite von 0,25 ergibt. Das umbeschriebene Rechteck hat einen Flächeninhalt, der sich aus dem Produkt des größeren Funktionswertes und der konstanten Streifenbreite ergibt. So liegt der wahre Wert des Streifens III zwischen

$0{,}16535 < A_{III} < 0{,}21650.$

Der Spielraum für $A_{III}$, der sich aus der Differenz zwischen oberer und unterer Flächenbegrenzung ergibt, beträgt noch 0,05115.

Doch die Gesamtfläche des Viertelkreises und nicht einzelne Flächenstreifen sind abzuschätzen. Die Summe aller eingeschriebenen Rechtecke ergibt sich bei der angegebenen Zerlegung durch Multiplikation der kleineren Funktionswerte mit der konstanten Streifenbreite 0,25. Diese Streifenbreite ist ein konstanter Faktor, der in jedem Summanden steckt. Aus diesem Grund wird die Summe der kleineren Funktionswerte gebildet und mit der konstanten Streifenbreite multipliziert. Zum Beispiel hat das dem Streifen IV eingeschriebene Rechteck den Flächenwert Null, da der rechte Funktionswert Null ist. Auf die gleiche Weise bestimmt sich die

Fläche der umbeschriebenen Rechtecke als obere Grenze für die Fläche des Viertelkreises. Die entsprechenden Werte sind den Spalten 3 und 4 der Wertetabelle zu entnehmen.

n = 4 mit $\Delta x = 0{,}25$ $\qquad 0{,}6239 < A < 0{,}8739$

Die Differenz zwischen unterer und oberer Grenze der Viertelkreisfläche hat einen Spielraum von $\dfrac{1}{4} = 0{,}25$, denn der Funktionswert 1 des ersten umbeschriebenen Rechtecks wurde durch den Funktionswert Null bei den eingeschriebenen Rechtecken ersetzt. Wie kann dieser doch noch recht große Spielraum gesenkt und damit die Viertelkreisfläche noch genauer bestimmt werden? Die Antwort ist einfach.

Da der Spielraum die bekannte Folge $\left\{\dfrac{1}{n}\right\}$ durchläuft, ist er so zu verringern, daß die Anzahl (n) der Streifen erhöht oder, was das gleiche ist, die Streifenbreite $\Delta x$ verringert wird.

Der nächste Versuch wird mit n = 5 gestartet, was eine Streifenbreite von $\Delta x = 0{,}2$ ergibt. Die Viertelkreisfläche liegt zwischen den Werten

$0{,}65926 < A < 0{,}85926$

und einer Toleranz von 0,2.

Für n = 10 ergibt sich eine Streifenbreite von $\Delta x = 0{,}1$ und eine Abschätzung der Viertelkreisfläche

$0{,}72612 < A < 0{,}82612.$

Die Toleranz beträgt $\dfrac{1}{10}$.

Der letzte Versuch wird für n = 20 unternommen, was einer Streifenbreite von $\Delta x = 0{,}05$ entspricht. Die Viertelkreisfläche ist nun durch die Werte

$0{,}7571 < A < 0{,}8071$

begrenzt, was einer Spannweite von $\dfrac{1}{20}$ entspricht.

Natürlich ist der Wert für die Fläche eines Viertelkreises mit dem Radius 1 noch gleich

$A = \dfrac{1}{4}\pi.$

$\dfrac{\pi}{4}$ wurde in einem vorhergehenden Abschnitt genau angegeben:

$\pi \approx 3{,}1415926$

$\dfrac{\pi}{4} \approx 0{,}7853982.$

Eines ist jedoch schon aus den wenigen Schritten ersichtlich. Die Summe der eingeschriebenen Rechtecke ist echt kleiner als der wahre Flächenwert, und dieser ist wieder echt kleiner als die Summe der umbeschriebenen Rechtecke:

$$\sum_{i=1}^{n} \underline{y}_i \, \Delta x < A < \sum_{i=1}^{n} \overline{y}_i \, \Delta x.$$

Und ein zweites wird ebenso klar. Der Spielraum für die wahre Fläche wird mit wachsender Streifenbreite immer kleiner. Insbesondere läßt er sich, da er sich nach der Folge $\left\{\dfrac{1}{n}\right\}$ verringert, unter jede vorgegebene Rechengenauigkeit drücken, denn im Grenzfall ist

$$\lim_{n \to \infty} \dfrac{1}{n} = 0.$$

Damit wurde es wieder verraten! Indem der Grenzwert bestimmt wird, läßt sich die wahre Fläche berechnen:

$$A = \lim_{n \to \infty} \sum_{i=1}^{n} \overline{y}_i \, dx = \lim_{n \to \infty} \sum_{i=1}^{n} \underline{y}_i \, dx.$$

Die Schreibweise bedeutet, daß die Summe aus den Produkten von Streifenbreite, multipliziert mit dem kleineren Funktionswert des Rechteckstreifens, und die Summe aus den Produkten von Streifenbreite, multipliziert mit dem größeren Funktionswert des Rechteckstreifens, den gleichen Grenzwert haben, wenn die Streifenzahl n gegen unendlich oder die Streifenbreite dx gegen Null geht. In diesem Fall ist der Grenzwert gleich der Fläche. Es ist deswegen im Grenzfall nicht mehr notwendig, zwischen $\overline{y}_i$ und $\underline{y}_i$ zu unterscheiden, weswegen von einem $y_i$-Wert ausgegangen wird, der zwischen beiden liegen muß, solange n endliche Werte annimmt.

Bestimmt ist dem kritischen Leser aufgefallen, daß plötzlich von einem allgemeinen Funktionswert und nicht mehr vom Wert der Kreisfunktion gesprochen wurde. Geht das denn?

Ja, es geht auch im allgemeinen Fall, wenn die Fläche oben durch eine beliebige, aber stetige Funktionskurve begrenzt wird. Dazu ist die Erfüllung der Bedingung ausreichend, daß die Begrenzungsfunktion stetig ist, denn dadurch ist eine echte Begrenzung abgesichert. Lücken und Sprünge würden die Sachlage allerdings kompliziert werden lassen. Es wären in diesen Fällen, die hier aber ausgeschlossen bleiben sollen, zusätzliche Forderungen oder Bedingungen zu erfüllen. Die Aufgabe zur Bestimmung einer Fläche, die durch eine Kurve begrenzt wird, ist ein Quadraturproblem[26]. Lösungsversuche für diese Probleme, erfolgreich oder an die Grenzen der in der jeweiligen Zeit bestehenden Möglichkeiten stoßend, wurden schon viele Jahrhunderte v. u. Z. unternommen. Sie beschränken sich bei weitem nicht nur auf Flächen, die durch gerade Linien begrenzt werden.

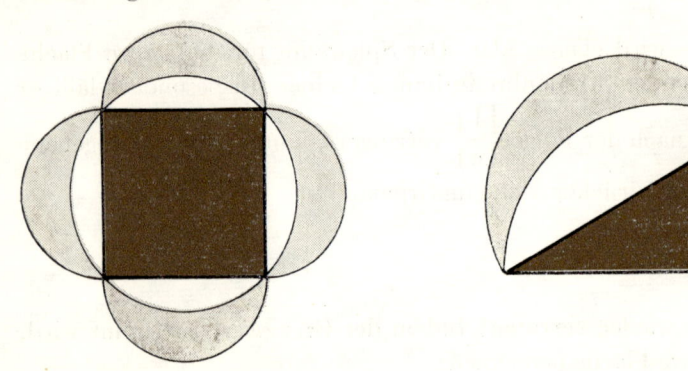

Etwa 440 Jahre v. u. Z. untersuchte der griechische Mathematiker Hippokrates durch Kreisbögen begrenzte Zweiecke. Es sind die nach ihm benannten Möndchen.
Der Flächeninhalt des rechtwinkligen Dreiecks (des Quadrates) ist gleich der Summe des Flächeninhaltes der zwei (vier) Möndchen. Der Beweis dieses Sachverhaltes gestaltet sich recht einfach und ist mit den Methoden der Elementargeometrie auszuführen.
Archimedes von Syrakus (287 ?–212 v. u. Z.) wandte sich bereits Flächen zu, die nicht geradlinig oder von Kreisbögen begrenzt wurden. Bei dem Versuch, die Fläche in einem Parabelabschnitt zu berechnen (Parabelquadratur), konnte er durch die Abdeckung der Fläche durch eine Folge von geometrischen Figuren mit bekannten Flächeninhalten (Quadraten) zeigen, daß ein Parabelsegment einen Flächeninhalt hat, der $\frac{4}{3}$ der

---

[26] Die Bezeichnung Quadratur geht auf die Vorstellung der griechischen Mathematiker zurück, daß sich die Flächen in flächengleiche Quadrate verwandeln lassen müssen. Ein ungelöstes Problem blieb eines von den drei berühmten Problemen der Antike – die Quadratur des Zirkels (Verwandlung eines Kreises in ein Quadrat mit gleichem Flächeninhalt).

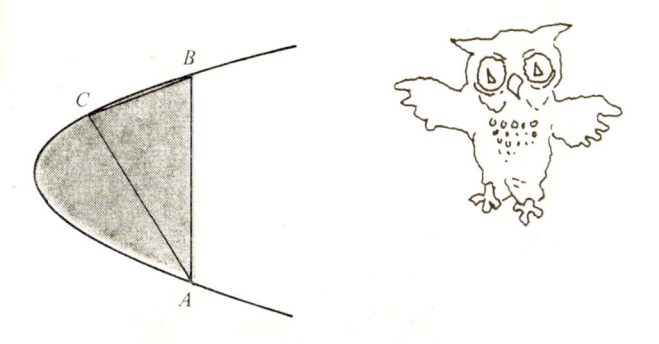

Dreiecksfläche ABC beträgt. Auch bei der Bestimmung der Kreisfläche durch ein eingeschriebenes und umbeschriebenes 96-Eck kam Archimedes auf einen Wert, dessen Genauigkeit unsere Abschätzung weit in den Schatten stellt. Doch uns waren weitere Rechnungen viel zu mühsam. Dabei hatte Archimedes bestimmt keinen Taschenrechner! Die Abschätzung von Archimedes war

$$\frac{223}{71} < \pi < \frac{220}{70} \quad \text{oder} \quad 3{,}1408451 < \pi < 3{,}1428571.$$

Der berühmte deutsche Astronom Johannes Kepler (1571–1630) führte die Überlegungen zur Flächenberechnung weiter und übertrug sie auf die Volumenberechnungen bei Körpern. So erhielten er, die Bierbrauer, Winzer und alle interessierten Leute Berechnungsformeln zur Bestimmung des Rauminhalts von Fässern.
Ein Schüler von Galileo Galilei (1564–1642), der italienische Mathematiker Bonaventura Cavalieri (1598?–1647), nutzte dieses Vorgehen, um das nach ihm benannte Prinzip aufzustellen, nach dem Körper mit flächengleichem Querschnitt in gleichen Höhen das gleiche Volumen haben.
Es gab für spezielle Probleme damals schon sehr elegante Lösungen, um die Quadratur ausführen zu können. Eine allgemeine Lösung kannte man vor I. Newton und G. W. Leibniz allerdings nicht. Erst sie erkannten, daß das Problem einen infinitären Charakter besitzt. Sie fanden die allgemeinen Lösungsmethoden in der von ihnen entwickelten Infinitesimalrechnung. Und Leibniz war es auch, der für das Summenzeichen in

$$A = \lim_{n \to \infty} \sum_{i=1}^{n} f(x)\, dx$$

ein S schrieb, das stilisiert ∫ ergab. Dieses Symbol ist das Integralzeichen.

KEPLERSCHE FASSREGEL
MEINE HERREN, WIEVIEL FASST DAS FASS?
WIRD NICHTS DRIN SEIN!
DAS FASS IST JA DOCH VOLL!
Zisch
!!
...UND BIER IST AUCH DRIN!
Gluck. Gluck.
WIEVIEL?
DAS VOLUMEN! DAS VOLUMEN!
HICK
NOCH MEHR VERTRAG ICH WIRKLICH NICHT !!!

WIR KOMMEN ALLE, ALLE DURCH DIE PRÜFUNG!
DAS WAR WOHL ZUVIEL PRAXIS?
HAUSMEISTER
JA, JA... ALLE JAHRE WIEDER!
HAUSMEISTER STEHT VOR DER TÜR VON J. KEPLER UND BITTET J. KEPLER, MIT ZUR UNIVERSITÄT ZU KOMMEN!
DIE SIND ALLE BESOFFEN UND HABEN DAS FASSVOLUMEN NOCH NICHT, HERR KEPLER.
GESTATTEN... KEPPLER. HERR KOLLEGE, STEHE ZU DIENSTEN!
IST MIR SCHLECHT, DOCH ALLES FÜR DIE WISSENSCHAFT.
MEINE FASSREGEL SOLLTE ICH DOCH EINMAL VERÖFFENTLICHEN, HIER ERGEBEN SICH 100 LITER BIER, UND DAS WAR FÜR EINEN PROFESSOR U. SEINE STUDENTEN ZUVIEL!
ICH BIN SCHON ZU BESOFFEN!
J. KEPLER ZÄHLT UND RECHNET

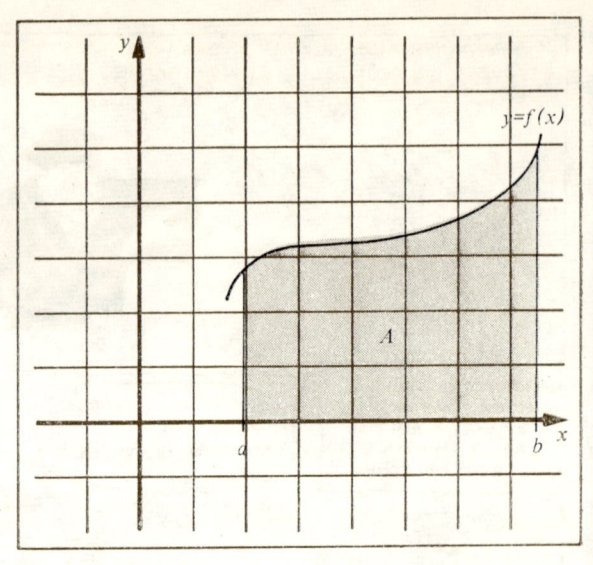

Das Wort Integral[27] wurde jedoch erst von J. Bernoulli geprägt.

$$A = \int_a^b f(x)\,dx$$

soll bedeuten, daß die Fläche berechnet werden muß, wie sie in der Zeichnung schraffiert dargestellt wurde.

Gelesen wird die rechte Seite so:
»Integral über f(x) dx von a bis b«.

Dabei ist a die untere Grenze und b die obere Grenze der Integration, f(x) der Integrand und x die Integrationsvariable.
Ein Integral, an dessen Zeichen Grenzen stehen, heißt bestimmtes Integral. Während das Integralzeichen von G. W. Leibniz als langes ∫ (»S«-Anfangsbuchstabe von Summe) eingeführt wurde, hat erstmals J. de Fourier (1768–1830) das bestimmte Integral so geschrieben, wie wir das auch heute noch tun.
Den Beweis für die Existenz des Integrals erbrachte der französische Mathematiker A.-L. Cauchy (1789–1857) in den Jahren 1820 bis 1830. Die Stetigkeit des Integranden ist dabei eine hinreichende Bedingung. B. Riemann (1826–1866) hat den Integralbegriff endgültig gefaßt. Deswegen wird das hier angegebene Integral genauer als Riemannsches

---

27 integer — ganz (lat.). Die Bedeutung »Schluß von Teilen auf das Ganze« prägte diese Bezeichnung.

Integral bezeichnet. Auf andere Erweiterungen, die H.-L. Lebesque (1875–1941) und T. J. Stieltjes (1856–1894) vorgenommen haben, soll und kann hier nicht eingegangen werden.

Die Frage, unter welchen Bedingungen ein Integral in den Grenzen von a bis b berechenbar ist, wurde für gewisse Bedingungen bereits beantwortet. Die Funktion f(x) ist in jedem Fall von a bis b integrierbar, wenn sie in diesem Intervall stetig ist.

Darauf, wie ein Integral in den Grenzen von a bis b zu berechnen ist, kann noch nicht allgemein beantwortet werden. Es sei aber hier auch daran erinnert, daß die Differentialrechnung aus dem Tangentenproblem in einem Moment eingeführt wurde, in dem vom Differenzieren noch gar keine Rede sein konnte.

Zunächst taucht das Integralzeichen unabhängig von der Differentialrechnung als Grenzwert einer Summe von Produkten auf, deren einer Faktor gegen Null und deren Anzahl gegen unendlich geht.

Die Bestimmung des Grenzwertes einer solchen Summe ist für den Fall der allgemeinen Funktionsgleichung y = f(x) recht kompliziert. Aus diesem Grund ist das Verfahren bei Berechnung derartiger Integrale, die genauer bestimmte Integrale genannt werden, wesentlich zu vereinfachen. Dazu werden der Begriff des unbestimmten Integrals und sein Zusammenhang mit der Differentialrechnung erarbeitet werden müssen. Bis dahin muß auf die Angabe von weiteren Beispielen verzichtet werden.

## 5.9. Grenzwert einer Summe von Produkten — theoretisch leicht lösbar

Die Grenzwertbildung einer Summe von Produkten zur Berechnung von bestimmten Integralen ist ein schwieriges und umständliches Unterfangen. Ein anderer Weg ist einfacher zu gehen.

Wir kommen ganz bestimmt an diese Stelle zurück. Vorab zwei Bezeichnungen:

Bezeichnung 1:

Wenn die Ableitung der Funktion F(x) für alle x, in denen sie differenzierbar ist, den Wert f(x) ergibt, so ist F(x) die zur Ableitung f(x) gehörende Stammfunktion:

$$\frac{dF(x)}{dx} = f(x).$$

Da ein konstanter Summand beim Differenzieren wegfällt, ist mit F(x) natürlich auch $F(x) + c$ eine Stammfunktion, wobei c ein beliebiger konstanter Summand ist:

$$\frac{d\,(F(x) + c)}{dx} = f(x).$$

Beispielsweise heißt die Stammfunktion zu $y = x^2$

$$F(x) = \frac{x^3}{3} \quad \text{oder allgemein} \quad F(x) = \frac{x^3}{3} + c,$$

denn die Ableitung von $F(x)$ ergibt

$$\frac{d}{dx}\left(\frac{x^3}{3} + c\right) = x^2.$$

Bezeichnung 2:

Das unbestimmte Integral

$\int f(x)\,dx$

der stetigen Funktion $f(x)$ ist die Menge aller Stammfunktionen $F(x) + c$. Probe, ob das unbestimmte Integral richtig angegeben wurde, ist die Differentiation der Stammfunktion $F(x)$, die $f(x)$ ergeben muß. Die Funktion $f(x)$ heißt Integrand, und die Konstante c, mit der jede Stammfunktion bei der unbestimmten Integration belastet wird, ist die Integrationskonstante. Die Operation, die einem Integranden eine Stammfunktion zuordnet, heißt Integration und das zugehörige Verb integrieren.

Auf solche Weise lassen sich Differentiation (aus einer Stammfunktion den Integranden – Ableitung – bestimmen) und Integration (aus einer gegebenen Ableitung die Stammfunktion bestimmen) als Umkehroperationen erklären und verstehen. Sie können wechselseitig genutzt werden, um die richtige Ausführung einer Integration oder Differentiation zu prüfen.

Die Schreibweise zur unbestimmten Integration lautet formal

$\int f(x)\,dx = F(x) + c.$

Welche geometrische Bedeutung hat aber nun die Integrationskonstante? Durch die Funktion im Integranden ist gleichsam eine Funktion für eine Richtung in jedem Punkt des Definitionsbereiches festgelegt, in dem die Funktion stetig ist. Zu diesen Richtungen ist eine Funktion zu bestimmen, die in allen Punkten die vorgeschriebene Richtung hat. Diese Forderung wird von allen Funktionen erfüllt, die parallel zu einer Funktion verlaufen und deren Abteilung den Integranden ergibt. Die Integrationskonstante c bedeutet demzufolge eine Parallelverschiebung einer Stammfunktion in Richtung der y-Achse. Da sich Differentiation und Integration wie Umkehroperationen zueinander verhalten, müssen theoretisch alle Differentiationsregeln umkehrbar sein.

Schauen wir uns die Ableitungsregeln aber einmal an! Praktisch sind sie nicht so einfach umzukehren. Das ist die prinzipielle Schwierigkeit bei der Integralrechnung. Es gibt beispielsweise keine direkte Regel, wie Produkte, Quotienten und gar mittelbare Funktionen zu integrieren sind. Einige wichtige Integrale (Grundintegrale) und Integrationsregeln werden hier angegeben. Es wurden diejenigen berücksichtigt, deren Ableitungsregeln eine einfache Umkehrung erlauben.

Elementare Integrationsregeln und Grundintegrale:

$\int [f(x) \pm g(x)] \, dx = \int f(x) \, dx \pm \int g(x) \, dx$

$\int cf(x) \, dx = c \int f(x) \, dx$

$\int x^n \, dx = \dfrac{x^{n+1}}{n+1} + c, \text{ wenn } n \neq 1$

$\int \dfrac{1}{x} \, dx = \ln x + c$

$\int e^x \, dx = e^x + c \qquad \int \sin x \, dx = -\cos x + c$

$\int a^x \, dx = \dfrac{a^x}{\ln a} + c. \qquad \int \cos x \, dx = \sin x + c$

Partielle Integration:

$\int f_1(x) f_2'(x) \, dx = f_1(x) f_2(x) - \int f_1'(x) f_2(x) \, dx.$

Bei anderen Integranden muß versucht werden, durch mitunter recht komplizierte Substitutionen den Integranden auf ein Grundintegral zurückzuführen oder zumindest zu vereinfachen.

Dabei sind Integrationstabellen und ähnliche geeignete Materialien oft eine wertvolle Hilfe. Doch kann das alles recht mühsam werden. Es ist bei vielen Funktionen überhaupt nicht möglich, die Stammfunktion als elementare Funktion anzugeben. Eine Probe wird in diesem Fall jedoch immer durch Differentiation der sich ergebenden Stammfunktion möglich sein, denn diese Operation ist durch eine genügend große Zahl von Differentiationsregeln ausführbar.

Beispiele:

1. $\int \left(\sqrt{x} + \dfrac{1}{x} + x^3 - \dfrac{1}{x^2} + 4\right) dx \quad \text{für } x > 0$

$= \int \sqrt{x}\, dx + \int \dfrac{1}{x}\, dx + \int x^3\, dx - \int \dfrac{1}{x^2}\, dx + \int 4\, dx.$

Die Summe wird gliedweise integriert.

1. Summand

$\int \sqrt{x}\, dx = \int x^{\frac{1}{2}}\, dx = \dfrac{x^{\frac{3}{2}}}{\frac{3}{2}} = \dfrac{2}{3} x\sqrt{x} + c_1.$

Integration einer Potenzfunktion

$x^{\frac{3}{2}} = \sqrt{x^3} = \sqrt{x^2 x} = x\sqrt{x}.$

2. Summand

$\int \dfrac{1}{x}\, dx = \int x^{-1}\, dx = \ln x + c_2.$

Ausnahmeregel bei Integration einer Potenzfunktion

3. Summand

$\int x^3\, dx = \dfrac{x^4}{4} + c_3.$

Integration einer Potenzfunktion

4. Summand

$-\int \dfrac{1}{x^2}\, dx = -\int x^{-2}\, dx = -\dfrac{x^{-1}}{-1} + c_4 = \dfrac{1}{x} + c_4.$

Integration einer Potenzfunktion

5. Summand

$\int 4\, dx = 4 \int 1\, dx = 4 \int x^0\, dx = 4\dfrac{x^1}{1} + c_5.$

Ein konstanter Faktor wird vor das Integral gezogen, wobei $1 = x^0$ als Potenzfunktion integriert wird.

Da die Summe von 5 Konstanten $c_1, c_2, c_3, c_4, c_5$ wieder eine Konstante ergibt, wird die Integrationskonstante für alle 5 Integrale zusammengefaßt und mit c bezeichnet:

$$\int \left(\sqrt{x} + \frac{1}{x} + x^3 - \frac{1}{x^2} + 4\right) dx = \frac{2}{3} x \sqrt{x} + \ln x + \frac{x^4}{4} + \frac{1}{x} + 4x + c$$

für $x > 0$.

Probe:

$$\frac{d}{dx} \left(\frac{2}{3} x \sqrt{x} + \ln x + \frac{x^4}{4} + \frac{1}{x} + 4x + c\right) = \sqrt{x} + \frac{1}{x} + x^3 - \frac{1}{x^2} + 4.$$

Da die Ableitung den Integranden ergibt, wurde die Stammfunktion richtig bestimmt.

Eine Zwischenbilanz heißt:

Das unbestimmte Integral einer stetigen Funktion ergibt Funktionen (unendlich viele Stammfunktionen), die sich in einem konstanten Summanden unterscheiden. Das bestimmte Integral ist eine feste Zahl, falls der Grenzwert einer Summe von Produkten existiert.

Kehren wir jedoch zu der ursprünglichen Aufgabe zurück, in der bestimmte Integrale berechnet werden sollen, ohne daß immer der Grenzwert einer Summe von Produkten berechnet werden muß.

Der Zusammenhang zwischen dem unbestimmten Integral (entstanden aus der Umkehrung der Differentiation) und dem bestimmten Integral (Grenzwert einer Summe von Produkten) ergibt sich aus dem mitunter als Hauptsatz (oder auch als Fundamentalsatz) der Differential- und Integralrechnung bezeichneten Sachverhalt. Auf die Ableitung des Satzes, die über den Mittelwertsatz der Integralrechnung erfolgt, soll verzichtet werden. Die nachfolgenden Bemerkungen sind also kein Beweis, sondern sollen nur der Erklärung des Zusammenhanges dienen, der zwischen bestimmten und unbestimmten Integralen hergestellt wird. Eine Folgerung aus dem Hauptsatz der Differential- und Integralrechnung, die mitunter selbst als der Hauptsatz bezeichnet wird, lautet: Ist $f(x)$ eine stetige Funktion und $F(x)$ die zugehörige Stammfunktion, so ist

$$\int_{x_1}^{x_2} f(x) \, dx = F(x) \Big|_{x_1}^{x_2} = F(x_2) - F(x_1).$$

Bleibt die obere Grenze an einem bestimmten Integral variabel, so hängt der Wert des bestimmten Integrals von dieser variablen Grenze ab. Unter Verzicht auf den möglichen Beweis sei hier festgehalten, daß ein bestimmtes Integral im Bereich von $x_1$ bis $x_2$ oder bis zu dem variablen x eine Stammfunktion F(x) ist.

$$\int_{x_1}^{x} f(x)\,dx = F(x) + c,$$

denn die Stammfunktionen unterscheiden sich noch durch einen konstanten Summanden c.
Wird $x = x_1$ gesetzt, fällt die obere mit der unteren Grenze des bestimmten Integrals zusammen, so ist

$$\int_{x_1}^{x_1} f(x)\,dx = 0,$$

denn dieses Integral steht für eine Fläche, die durch die Breite Null den Flächeninhalt Null hat. Eingesetzt in die ohne Beweis angegebene Beziehung, ergibt sich

$$\int_{x_1}^{x_1} f(x)\,dx = F(x_1) + c$$

$$0 = F(x_1) + c$$

$$c = -F(x_1).$$

Die Integrationskonstante, die bei der Bestimmung der Stammfunktion entsteht, ist also gleich dem negativen Wert der Stammfunktion, in die die untere Integrationsgrenze eingesetzt wird. Somit wird die ohne Beweis aus dem Hauptsatz der Differential- und Integralrechnung abgeleitete Beziehung

$$\int_{x_1}^{x_2} f(x)\,dx = F(x) \Big|_{x_1}^{x_2} = F(x_2) - F(x_1)$$

etwas deutlicher erkennbar.
Mit diesem Sachverhalt wird der Zusammenhang zwischen Differential- und Integralrechnung deutlich.
Das bestimmte Integral mit variabler oberer Grenze x ist eine Stammfunktion des als in diesem Intervall stetig vorausgesetzten Integranden. Davon abgesehen, können die Ableitung einer Funktion und auch das bestimmte Integral als Grenzwert von Quotienten oder Produkten unabhängig davon definiert und verstanden werden. Der Charakter der Umkehroperation kommt gerade bei der Berechnung von Grenzwerten sehr deutlich zum Ausdruck.

Differenzieren – das ist die Bestimmung des Grenzwertes eines Quotienten von Differenzen. Vertauschen der Reihenfolge und Ersetzen der Operationen durch die zugehörigen Umkehroperationen führen zu der Kurzformel:

Integrieren (bestimmt) – das ist die Bestimmung des Grenzwertes einer Summe von Produkten. Selbst Singular und Plural werden konsequent vertauscht!

Aus der Kenntnis des Zusammenhanges zwischen Differential- und Integralrechnung wird die Berechnung von bestimmten Integralen auf die Bestimmung von Stammfunktionen zurückgeführt, wodurch die Grenzwertbildung entfallen kann.

Der Wert des bestimmten Integrals läßt sich aus der Differenz berechnen, die sich ergibt, wenn der Wert der oberen Grenze in die Stammfunktion eingesetzt und von diesem Wert derjenige abgezogen wird, der sich beim Einsetzen der unteren Grenze in die Stammfunktion ergibt.

Es ist wieder das Verdienst von Leibniz und Newton, die Unabhängigkeit der bestimmten Integrale von Quadraturproblemen erkannt zu haben. Sie stellten damals schon fest, daß sich Differential- und Integralrechnung wie Umkehroperationen zueinander verhalten. Die symbolische Schreibweise von Leibniz stellt diesen Zusammenhang durch die Verwendung von Differentialen sehr klar dar. Praktisch wird das bestimmte Integral einer stetigen Funktion f(x) in den Grenzen von $x_1$ und $x_2$ wie folgt berechnet:

1. Zu f(x) ist eine Stammfunktion anzugeben, was heißt, daß die Funktion unbestimmt zu integrieren ist.

Hierbei gibt es, wie schon gesagt, mancherlei Schwierigkeiten, da durch die hier angegebenen Integrationsmöglichkeiten nur wenige Funktionen integriert werden können. Auf Angabe einer Integrationskonstanten kann hier verzichtet werden.

2. In die Stammfunktion wird für x die obere Grenze eingesetzt.
3. In die Stammfunktion wird für x die untere Grenze eingesetzt.
4. Beide Werte werden voneinander subtrahiert.

Das soll ein ganz einfaches Beispiel zeigen. Gesucht ist eine Dreiecksfläche unter der Funktion y = x in den x-Grenzen 0 bis 3:

$$A = \int_0^3 x \, dx = \frac{x^2}{2} \Big|_0^3 = \frac{9}{2} - 0 = 4{,}5 \text{ Flächeneinheiten.}$$

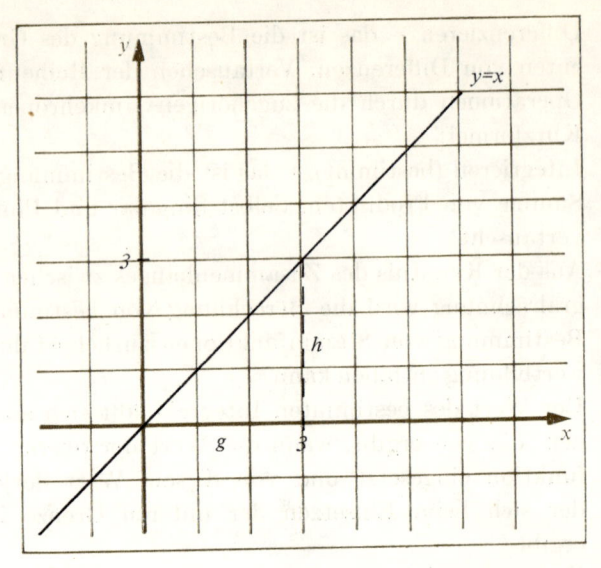

Wurden als Koordinateneinheit Zentimeter gewählt, so ergeben sich als Flächeneinheit cm².

Doch diese Fläche ist geradlinig begrenzt, so daß eine Berechnung durch die Foremel aus der Planimetrie möglich ist. Deswegen zur Probe:

$$A = \frac{\text{Grundlinie mal Höhe}}{2} = \frac{3 \cdot 3}{2} = \frac{9}{2} = 4{,}5 \text{ Flächeneinheiten.}$$

Schon beim nächsten Beispiel ist keine Kontrolle durch bekannte Formeln aus der Planimetrie mehr möglich. Die Fläche unter der Normalparabel $y = x^2$ bestimmt sich in den Grenzen von $x_1 = 1$ bis $x_2 = 4$ zu

$$A = \int_1^4 x^2 \, dx = \left.\frac{x^3}{3}\right|_1^4 = \frac{64}{3} - \frac{1}{3} = \frac{63}{3} = 21 \text{ Flächeneinheiten.}$$

Mit diesem Ergebnis ist es uns leicht und schnell möglich, die Ergebnisse des Archimedes von Syrakus zu prüfen, die dieser um 200 v. u. Z. bei seinen Parabelquadraturen erhielt. Der nächste Versuch, die Fläche unter der Funktion $y = \frac{1}{x}$ in den Grenzen von 0 bis 1 zu bestimmen, erweist sich als Fehlschlag, da $y = \frac{1}{x}$ für $x = 0$ nicht definiert ist und somit auch nicht stetig sein kann. Die von uns gestellte Voraussetzung für die Integration ist nicht erfüllt, weswegen das klägliche Ende unseres Versuches die logische Folge sein muß:

$$A = \int_0^{10} \frac{1}{x} \, dx = \ln x \Big|_0^{10} = \ln 10 - \ln 0.$$

Der Logarithmus von Null ist für keine Logarithmenbasis definiert, da es keine Zahl gibt, mit der die Basis potenziert werden kann, um Null zu erhalten.

Stetig ist die Funktion allerdings von 1 bis 10, weswegen die Fläche in diesem Bereich eindeutig auszurechnen und anzugeben ist:

$$A = \int_1^{10} \frac{1}{x} \, dx = \ln x \Big|_1^{10} = \ln 10 - \ln 1 \approx 2{,}30 - 0 = 2{,}30 \text{ FE}$$

(Flächeneinheiten).

Hier werden drei Regeln für das Rechnen mit bestimmten Integralen angegeben.

1. $\int_{x_1}^{x_1} f(x) \, dx = 0.$

Das ist verständlich, denn die Fläche schrumpft auf den Wert Null, wenn obere und untere Grenze zusammenfallen.

2. $\int_{x_1}^{x_2} f(x) \, dx = - \int_{x_2}^{x_1} f(x) \, dx.$

Wenn von $x_1$ bis $x_2$ integriert wird, so ist die Streifenbreite positiv und umgekehrt negativ einzusetzen.

3. $\int_{x_1}^{x_2} f(x) \, dx + \int_{x_2}^{x_3} f(x) \, dx = \int_{x_1}^{x_3} f(x) \, dx,$

wenn $x_2$ ein Wertz wischen $x_1$ und $x_3$ ist.

Die Beweise sind durch den Hauptsatz der Differential- und Integralrechnung oder die hier angegebene Folgerung sehr leicht zu führen:

$$\int_{x_1}^{x_2} f(x) \, dx = F(x_2) - F(x_1).$$

Für 1. $\int_{x_1}^{x_1} f(x) \, dx = F(x_1) - F(x_1) = 0$

Für 2. $\int_{x_1}^{x_2} f(x)\,dx = F(x_2) - F(x_1) = -(F(x_1) - F(x_2)) = -\int_{x_2}^{x_1} f(x)\,dx.$

Für 3. $\int_{x_1}^{x_2} f(x)\,dx + \int_{x_2}^{x_3} f(x)\,dx = F(x_2) - F(x_1) + F(x_3) - F(x_2)$

$= F(x_3) - F(x_1) = \int_{x_1}^{x_3} f(x)\,dx$

Wie bereits gesagt wurde, ist es mit der Bestimmung der Stammfunktion im allgemeinen recht schlecht bestellt. Das zeigt die an und für sich einfach erscheinende Aufgabe, die Fläche eines Viertelkreises bestimmen zu wollen:

$A = \int_0^r \sqrt{r^2 - x^2}\,dx.$

Der Integrand ist kein Grundintegral, weswegen x durch $r \cdot \cos \alpha$ ersetzt wird ($x = r \cdot \cos \alpha$):

$A = \int_{(0)}^{(r)} \sqrt{r^2 - r^2 \cos^2 \alpha}\,(dx).$

Diese Substitution (Ersetzung) führt nur dann zum Erfolg, wenn gleichzeitig die Grenzen und dx durch die neue Variable ersetzt werden:

$\dfrac{dx}{d\alpha} = -r \sin \alpha \qquad\qquad dx = -r \sin \alpha\,d\alpha.$

Die untere Grenze $x = 0$ geht über in

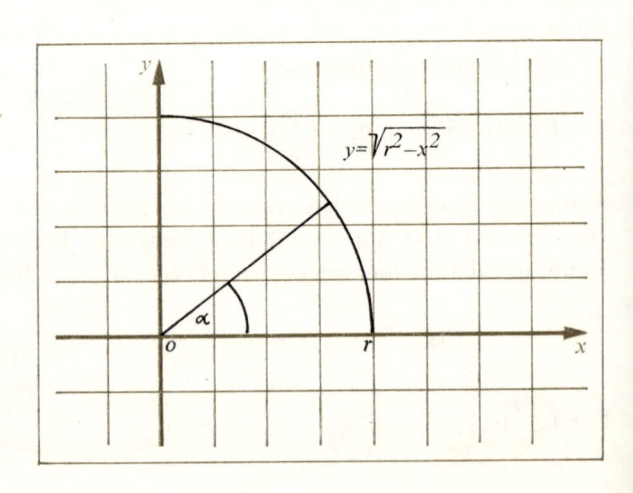

$\alpha = 90° = \dfrac{\pi}{2}.$

Die obere Grenze geht von $x = r$ über in $\alpha = 0^0 = 0$:

$$A = - \int_{\frac{\pi}{2}}^{0} r \sin \alpha \sqrt{r^2 - r^2 \cos^2 \alpha}\, d\alpha.$$

Ein konstanter Faktor kann vor das Integralzeichen geschrieben und zuvor im Radikanden ausgeklammert und radiziert werden:

$$A = - r^2 \int_{\frac{\pi}{2}}^{0} \sin \alpha \sqrt{1 - \cos^2 \alpha}\, d\alpha.$$

Aus der Trigonometrie ist der sogenannte Pythagoras der Trigonometrie bekannt:

$$\sin^2 \alpha + \cos^2 \alpha = 1.$$

Aufgelöst nach $\sin \alpha$, ist

$$\sin \alpha = \sqrt{1 - \cos^2 \alpha}.$$

Eingesetzt in den Integranden, ergibt sich:

$$A = - r^2 \int_{\frac{\pi}{2}}^{0} \sin \alpha \sin \alpha\, d\alpha = - r^2 \int_{\frac{\pi}{2}}^{0} \sin^2 \alpha\, d\alpha.$$

Dieses Integral ist auch kein Grundintegral, wenngleich eine Vereinfachung zum zuerst angegebenen.
Das zwingt uns, das Verfahren der partiellen Integration anzuwenden. Dieses Verfahren wurde zuvor bereits mit genannt. Hier noch einmal die Formel, die aus dem Versuch entstanden ist, die Produktregel der Differentiation umzukehren.

$$\int f_1(x) f'_2(x)\, dx = f_1(x) f_2(x) - \int f'_1(x) f_2(x)\, dx$$

Da die Faktoren im Integranden gleich sind ($\sin \alpha \cdot \sin \alpha$), ist es auch gleichgültig, welcher Faktor mit $f_1(x)$ und welcher mit $f'_2(x)$ bezeichnet wird:

$$\int \sin^2 \alpha\, d\alpha.$$

$f_1(x) = \sin \alpha$. Daraus folgt durch Differentiation $f'_1(x) = \cos \alpha$.

$f'_2(x) = \sin \alpha$. Daraus folgt durch Integration $\quad f_2(x) = - \cos \alpha$.

Die Integrationskonstante wurde zunächst ignoriert.

Eingesetzt in die Formel zur partiellen Integration, ergibt das:

$$\int \sin^2 \alpha \, d\alpha = -\sin \alpha \cos \alpha + \int \cos^2 \alpha \, d\alpha.$$

Damit ist auf der rechten Seite ein Integral entstanden, das wir genausowenig lösen können. Nicht verzweifeln!
Zunächst wird für $\cos^2 \alpha$ der Ausdruck $1 - \sin^2 \alpha$ eingesetzt:

$$\int \sin^2 \alpha \, d\alpha = -\sin \alpha \cos \alpha + \int (1 - \sin^2 \alpha) \, d\alpha.$$

Eine Differenz kann gliedweise integriert werden.
Somit heißt die neue Gleichung mit Integralen:

$$\int \sin^2 \alpha \, d\alpha = -\sin \alpha \cos \alpha + \int d\alpha - \int \sin^2 \alpha \, d\alpha.$$

Das Glück ist ein zweifaches.
Das erste Integral auf der rechten Seite ist ein Grundintegral und das zweite steht auf der linken Seite, wo auch das auf der rechten Seite stehende hingehört:

$$2 \int \sin^2 \alpha \, d\alpha = -\sin \alpha \cos \alpha + \alpha.$$

Damit heißt die gesuchte Stammfunktion mit $c = 0$

$$\int \sin^2 \alpha \, d\alpha = -\frac{1}{2} \sin \alpha \cos \alpha + \frac{\alpha}{2}.$$

So kann die Flächenberechnung weitergehen:

$$A = -r^2 \left( -\frac{1}{2} \sin \alpha \cos \alpha + \frac{\alpha}{2} \right) \Big|_{\frac{\pi}{2}}^{0}$$

$$A = -r^2 \left[ \left( -\frac{1}{2} \sin 0 \cos 0 + 0 \right) - \left( -\frac{1}{2} \sin \frac{\pi}{2} \cos \frac{\pi}{2} + \frac{\pi}{4} \right) \right]$$

$$A = -r^2 \left( -\frac{\pi}{4} \right)$$

$$A = \frac{\pi}{4} r^2.$$

Welch mühsamer Weg, um zur Fläche des Kreises zu gelangen!

$$4 A = A_{Kreis} = \pi r^2$$

Die Ursache dafür liegt in den noch unzureichenden Möglichkeiten, die unbestimmte Integration praktisch ausführen zu können.

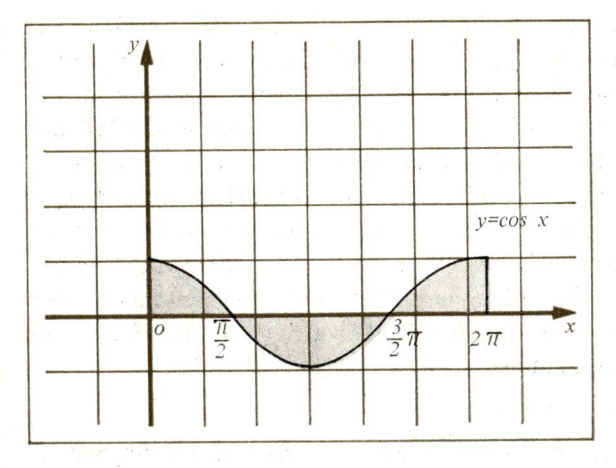

## 5.10. Weitere Anwendungen für bestimmte Integrale

Durch die Formel $A = \int_{x_1}^{x_2} f(x)\,dx$ kann die Fläche berechnet werden, die durch die x-Achse, durch die (stetige) Funktionskurve $y = f(x)$ und zwei Parallelen zur y-Achse im Abstand $x_1$ und $x_2$ eingeschlossen wird. Berechnet werden soll jetzt die Fläche zwischen der Funktion $y = \cos x$ für eine Periode. Das sind die Grenzen von $x_1 = 0$ bis $x_2 = 2\pi$ (360°).

$$A = \int_0^{2\pi} \cos x\,dx = \sin x \Big|_0^{2\pi} = \sin 2\pi - \sin 0 = 0 - 0 = 0 \text{ FE}$$

Da kann doch etwas nicht stimmen!
Die im Bild durch Schraffur gekennzeichnete Fläche hat nicht den Inhalt Null! Beginnen wir deswegen etwas weniger forsch und berechnen den Wert der drei erkennbaren Teilflächen. Integrieren heißt ja nach unseren Vorbetrachtungen summieren:

$$A_1 = \int_0^{\frac{\pi}{2}} \cos x\,dx = \sin x \Big|_0^{\frac{\pi}{2}} = 1 \text{ FE}$$

$$A_2 = \int_{\frac{\pi}{2}}^{\frac{3}{2}\pi} \cos x\,dx = \sin x \Big|_{\frac{\pi}{2}}^{\frac{3}{2}\pi} = \sin 270° - \sin 90° = -1 - 1 = -2 \text{ FE}$$

$$A_3 = \int_{\frac{3}{2}\pi}^{2\pi} \cos x\,dx = \sin x \Big|_{\frac{3}{2}\pi}^{2\pi} = 0 - (-1) = 1 \text{ FE}$$

Wird wie beim ersten Versuch integriert, so ergibt sich wirklich der Flächeninhalt Null. Flächeninhalte, die mit Hilfe von bestimmten Integralen berechnet werden, tragen ein Vorzeichen. Die Regel zur Bestimmung des Vorzeichens ist dabei nicht so kompliziert. Wird auf der x-Achse von der unteren x-Grenze zur oberen x-Grenze und über die Funktion zurückgegangen, so ergibt sich eine Drehrichtung entgegen oder mit dem Drehsinn eines Uhrzeigers. Drehungen gegen den Uhrzeiger sind mathematisch positiv und in umgekehrter Richtung negativ. Entsprechend ergeben sich die Vorzeichen der Flächenstücke. Der Flächeninhalt unter der Kosinusfunktion beträgt im Bereich einer Periodenlänge von $2\pi$ demzufolge

$$A = |A_1| + |A_2| + |A_3| = 4 \text{ FE}.$$

Das ist also genau die gleiche Fläche, wie sie ein Quadrat mit der Seitenlänge 2 hat. Wer hätte das ohne Integralrechnung sagen können? Die Fläche, die sich nach der Formel

$$A = \int_{x_1}^{x_2} f(x)\, dx$$

ergibt, ist demzufolge nur dann der Flächeninhalt, wenn die Funktion zwischen den Abszissenwerten $x_1$ und $x_2$ keine Nullstellen, das heißt keine Schnittpunkte mit der x-Achse, hat.

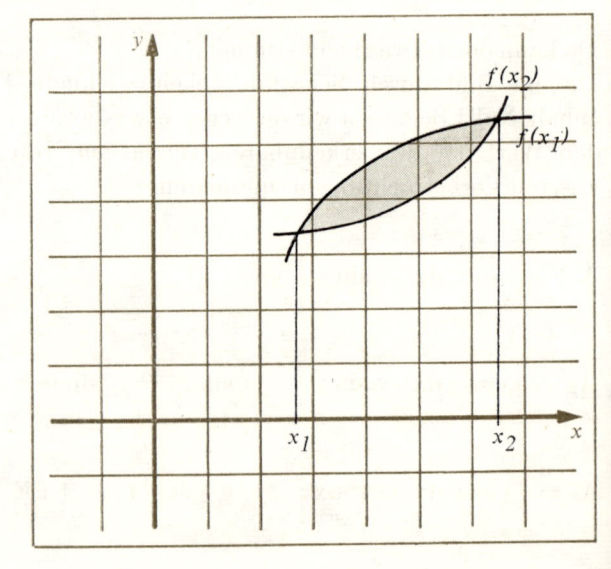

Befinden sich aber Schnittpunkte mit der x-Achse im Integrationsintervall, so ist A eine Summe aus Flächeninhalten mit verschiedenen Vorzeichen. Liegt die untere Grenze links von der oberen auf der x-Achse, so sind die Streifenbreiten dx positiv. Sind nun die Ordinatenwerte auch positiv, dann ergibt sich ein positiver Wert für den Flächeninhalt. Positive Ordinatenwerte liegen über der x-Achse. Verläuft die Funktion mit der angegebenen Bedingung unterhalb der x-Achse, so wird sich ein negativer Wert für den Flächeninhalt einstellen. Das ergibt den ganz wichtigen Hinweis: Vor der Integration ist zunächst erst einmal zu prüfen, ob in dem Integrationsintervall Nullstellen der Funktion liegen. Ist das der Fall, so darf nie über Nullstellen hinweg integriert werden. Das Integrationsintervall ist in diesem Fall in geeigneter Weise zu zerlegen. Der Flächeninhalt zwischen zwei Funktionen ist die Differenz aus den beiden Flächeninhalten unter den Funktionen.

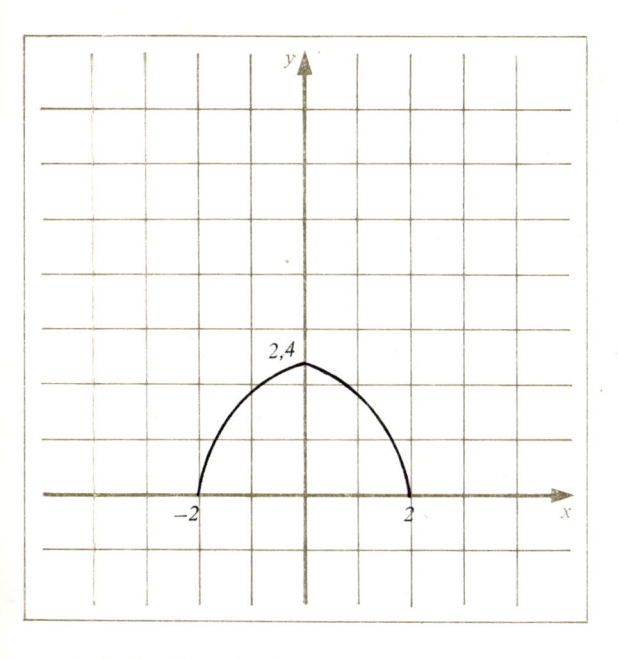

$$A = \int_{x_1}^{x_2} [f_2(x) - f_1(x)] \, dx.$$

Nur bei Anwendung dieser Formel spielen Nullstellen der Funktionen im Integrationsintervall keine Rolle.

Nun soll die Anwendung der Integralrechnung zur Lösung von Quadraturproblemen an einem Beispiel gezeigt werden.

Ein Wasserstollen hat eine Höhe von 2,40 m und eine Sohlenbreite von 4 m. Liegt das Koordinatensystem in der dargestellten Weise, so ist dem Parabelquerschnitt die Gleichung

$y = -0{,}60 \, x^2 + 2{,}40$  zugeordnet.

1. Bei der Berechnung des Flächeninhaltes ist die Fläche unter der Parabel von $-2$ bis $2$ zu bestimmen. Es genügt allerdings, die von 0 bis 2 sich ergebende Fläche mit dem Faktor 2 zu multiplizieren, da die Parabel symmetrisch zur y-Achse verläuft:

$$A = 2\int_0^2 (-0{,}60\,x^2 + 2{,}40)\,dx = 2\left[-0{,}20\,x^3 + 2{,}40\,x\right]\Big|_0^2$$

$$= 2\left[(-1{,}60 + 4{,}80) - 0\right].$$

$A = 6{,}40\ m^2$

Der Querschnitt des parabolischen Stollens beträgt insgesamt $6{,}40\ m^2$.

2. Welche Menge Wasser fließt pro Minute durch den Stollen, wenn er bis zu $\frac{2}{3}$ der Höhe mit Wasser gefüllt ist und die Strömungsgeschwindigkeit $2{,}8\ \frac{m}{s}$ beträgt?

Zunächst ist die mit Wasser gefüllte Querschnittsfläche zu berechnen, wenn die Füllung $\frac{2}{3}$ der Gesamthöhe von $2{,}40\ m$ erreicht, also $1{,}60\ m$.

Diesem Ordinatenwert entspricht ein Abszissenwert, wie er sich durch Einsetzen aus der Parabelgleichung finden läßt:

$1{,}60 = -0{,}60\,x^2 + 2{,}40$

$0{,}60\,x^2 = 0{,}80$

$x = \pm\sqrt{\dfrac{4}{3}}.$

Aus Symmetriegründen beträgt die Fläche des Wasserquerschnitts:

$$A = 2\left(\underbrace{\sqrt{\tfrac{4}{3}}\cdot 1{,}60}_{\text{Rechteckteil}} + \underbrace{\int_{\sqrt{\tfrac{4}{3}}}^{2}(-0{,}60\,x^2 + 2{,}40)\,dx}_{\text{Parabelteil}}\right)$$

$$= 2\left(1{,}85 + \left|-0{,}20\,x^3 + 2{,}40\,x\,\right|_{\sqrt{\tfrac{4}{3}}}^{2}\right)$$

$$= 2\,(1{,}85 + (-1{,}60 + 4{,}80) - (-0{,}31 + 2{,}77))$$

$$= 2\,(1{,}85 + 3{,}20 - 2{,}46) = 5{,}18\ m^2.$$

Pro Sekunde fließen demzufolge $14{,}504\ m^3$ Wasser durch den Stollen, was pro Minute dem 60fachen Wert, also 870,240 m³, entspricht. Eine Dimension mehr, und es entstehen Körper.

Jetzt werden spezielle Körper betrachtet, wie sie auf der Drechselbank oder der Töpferscheibe entstehen. Diese als Rotationskörper bezeichneten Gebilde entstehen in der Mathematik, indem eine Fläche um eine der Achsen rotiert. Mit etwas räumlichem Vorstellungsvermögen wird erkennbar, wie aus der abgebildeten Fläche durch Rotation um die x-Achse eine schöne Vase entsteht. Ob schön oder nicht, auf jeden Fall ist sie symmetrisch!

Als Schnittflächen ergeben sich senkrecht zur x-y-Ebene immer Kreise, wenn die Schnittebenen durch den Rotationskörper gehen. Diese Kreise haben einen Radius, der mit dem Ordinatenwert an der jeweiligen Abszissenstelle identisch ist. Ein solcher Kreis hat die Fläche

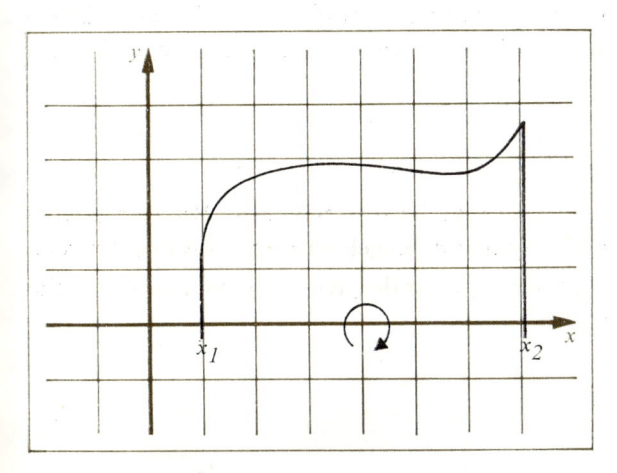

$$A = \pi r^2$$

oder hier $A = \pi y^2$.

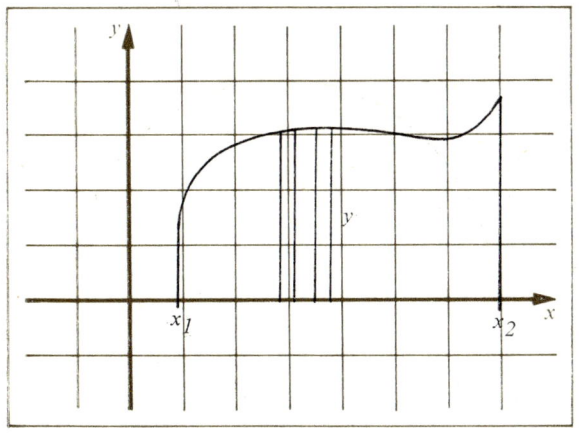

Die zugehörige Höhe wird differentiell klein gemacht und mit dx bezeichnet. Die zur Lösung gehörende Idee ist die gleiche wie die bei der Flächenberechnung durch bestimmte Integrale.

Der jeweilige Körper wird in Scheiben mit der Breite dx zerlegt. Die Breite ist mit der jeweiligen Fläche zu multiplizieren, und die einzelnen Produkte sind zum Gesamtvolumen zu summieren. Im Grenzfall ergibt sich für eine hinreichend große Anzahl von Volumenscheiben ($n \to \infty$) mit der gegen Null gehenden Breite dx das Volumen

$$V_x = \pi \int_{x_1}^{x_2} y^2 \, dx.$$

Dieser Körper entsteht durch Rotation einer Fläche, die durch die x-Achse, Parallelen zur y-Achse im Abstand $x_1$ und $x_2$ sowie durch die stetige Funktion $y = f(x)$ begrenzt wird. Auf gleiche Weise entsteht bei Rotation einer Funktion $x = f(y)$ um die y-Achse ein Körper $V_y$ mit dem Volumen

$$V_y = \pi \int_{y_1}^{y_2} x^2 \, dy.$$

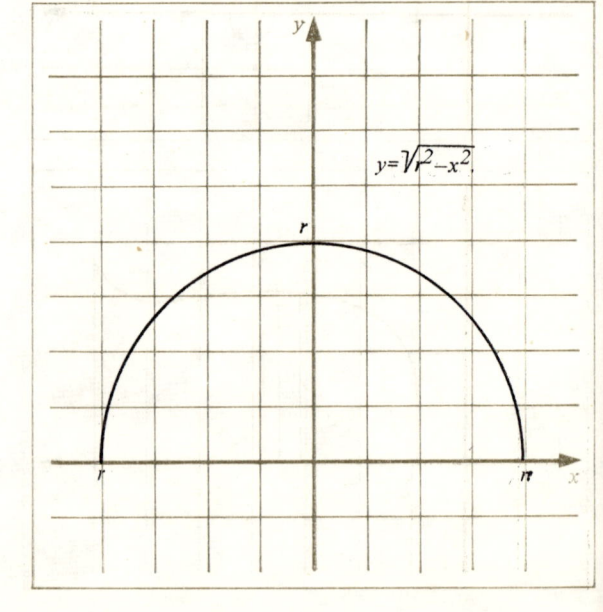

Was uns bei der Bestimmung der Kreisfläche nur unter Schwierigkeiten gelang, wird ganz einfach, wenn das Kugelvolumen berechnet werden soll. Die Funktion $y = \sqrt{r^2 - x^2}$, die für den Kreis im vorigen Abschnitt ermittelt wurde, bildet mit der x-Achse zwischen $-r$ und $+r$ eine Fläche, die bei Rotation um die x-Achse eine Kugel mit dem Radius r erzeugt. Aus Symmetriegründen wird jedoch von 0 bis r integriert (Halbkugel) und mit 2 multipliziert:

$$V_x = 2\pi \int_0^r (r^2 - x^2)\, dx = 2\pi \left| r^2 x - \frac{x^3}{3} \right|_0^r = 2\pi \left( r^3 - \frac{r^3}{3} \right) = \frac{4}{3} \pi r^3.$$

Das ist die bekannte Formel zur Berechnung des Kugelvolumens. Doch auch die anderen Volumenformeln für Rotationskörper, die aus der Stereometrie bekannt sind, können hier recht einfach ermittelt werden.

1. Der Zylinder entsteht, wenn ein Rechteck mit der Breite r und der Länge h rotiert:

$$V_x = \pi \int_0^h r^2\, dx = \pi r^2 x \Big|_0^h = \pi r^2 h.$$

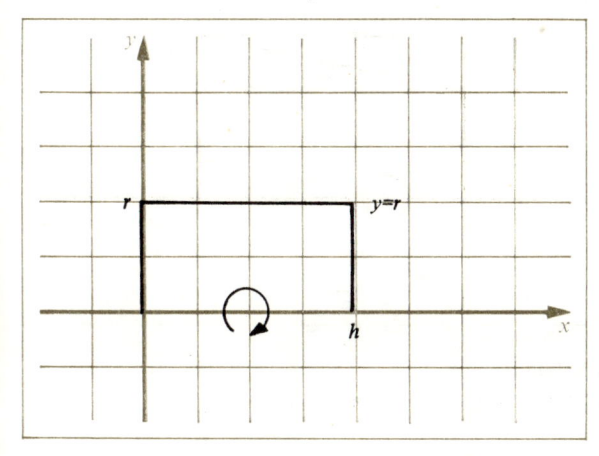

2. Ein Kegel entsteht, wenn eine Dreiecksfläche rotiert, wie sie in der Abbildung angegeben wurde:

$$V_x = \pi \int_0^h \left( \frac{r}{h} x \right)^2 dx = \pi \frac{r^2 x^3}{h^2\, 3} \Big|_0^h = \frac{\pi r^2 h}{3}.$$

3. Auch ein Kegelstumpf ist einfach zu berechnen:

Anstieg der Geraden: $\dfrac{r_2 - r_1}{h}$.

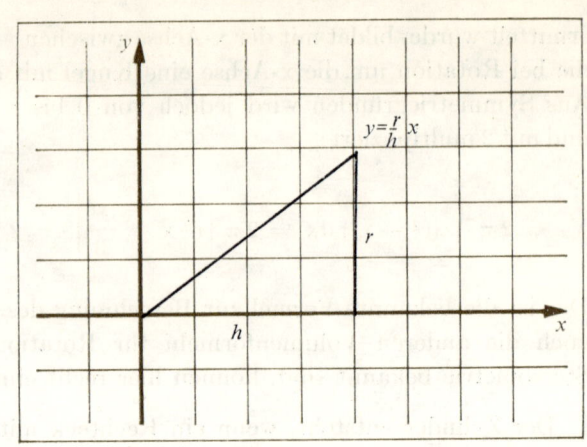

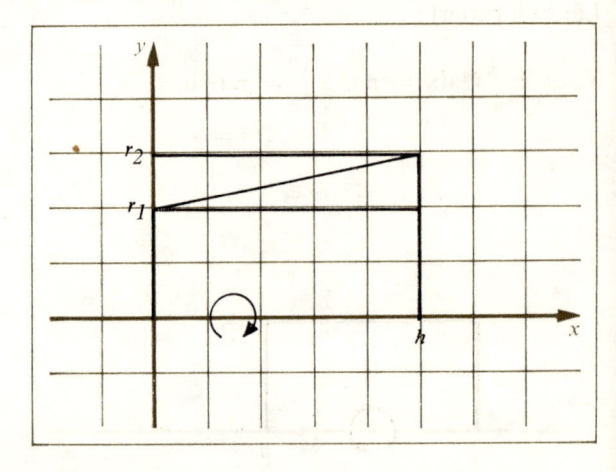

Schnittpunkt mit der y-Achse ist $r_1$.

Daraus ergibt sich die Gleichung der begrenzenden Geraden:

$$y = \frac{r_2 - r_1}{h} x + r_1$$

$$V_x = \pi \int_0^h \left( \frac{r_2 - r_1}{h} x + r_1 \right)^2 dx = \pi \int_0^h \left[ \left( \frac{r_2 - r_1}{h} \right)^2 x^2 + 2 \frac{r_2 - r_1}{h} x r_1 + r_1^2 \right] dx$$

$$V_x = \pi \left| \frac{(r_2 - r_1)^2}{h^2} \frac{x^3}{3} + \frac{2(r_2 - r_1) r_1}{h} \frac{x^2}{2} + r_1^2 x \right|_0^h$$

$$V_x = \pi \left( \frac{(r_2 - r_1)^2}{3} h + \frac{2(r_2 - r_1) r_1}{2} h + r_1^2 h \right)$$

$$= \pi h \frac{2r_2^2 - 4r_2 r_1 + 2r_1^2 + 6r_2 r_1 - 6r_1^2 + 6r_1^2}{6}$$

$$V_x = \frac{\pi h}{6} \cdot 2(r_2^2 + r_2 r_1 + r_1^2) = \frac{\pi h}{3}(r_2^2 + r_2 r_1 + r_1^2).$$

4. Eine Ellipse hat die Gleichung $\frac{x^2}{a^2} + \frac{y^2}{b^2} = 1$, wenn sie in der skizzierten Weise im Koordinatensystem liegt.

Bei Rotation um die x-Achse entsteht ein Rotationsellipsoid mit dem Volumen:

$$V_x = 2\pi \int_0^a \left(1 - \frac{x^2}{a^2}\right) b^2 \, dx = 2\pi \left| b^2 x - \frac{b^2}{a^2} \frac{x^3}{3} \right|_0^a$$

$$= 2\pi \left(b^2 a - \frac{b^2}{3} a\right) = \frac{4}{3} \pi b^2 a$$

$$V_y = 2\pi \int_0^b \left(1 - \frac{y^2}{b^2}\right) a^2 \, dy = 2\pi \left| a^2 y - \frac{a^2}{b^2} \frac{y^3}{3} \right|_0^b$$

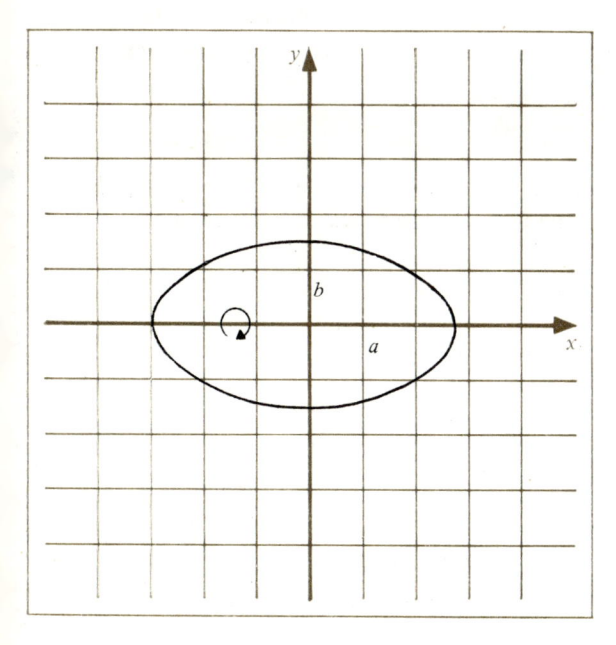

$$= 2\pi \left(a^2 b - \frac{a^2 b}{3}\right) = \frac{4}{3} \pi a^2 b.$$

Auf diese Weise kann näherungsweise das Volumen von Weinfässern berechnet werden.

Ähnliche Formeln, es sei hier auf geeignete Literatur hingewiesen, gibt es auch für die Berechnung von Bogenlänge, Mantelfläche und Schwerpunkt eines Rotationskörpers.

Das bestimmte Integral ist jedoch auch für die Lösung vieler weiterer Probleme aus der Physik eine unentbehrliche Hilfe – z. B. bei der Berechnung von statischen Momenten, Schwerpunkten, Trägheitsmomenten, der Beschleunigung, der Arbeit, um nur einige Anwendungsmöglichkeiten zu nennen.

Bleiben wir bei der Arbeit. Sie wird in der Physik als Produkt von Kraft und Weg definiert.

Das ist jedoch nur dann richtig, wenn Kraft und Weg die gleiche Richtung haben und die Kraft über den gesamten Weg konstant ist. Gerade die letzte Voraussetzung ist jedoch in den seltensten Fällen erfüllt. Hier sollen zwar die Kraft und der Weg die gleiche Richtung haben, jedoch soll die Kraft eine Funktion sein, die vom Weg abhängt.

$F = f(s)$

Das Differential der Funktion ist dann

$dW = Fds \quad \text{mit} \quad F = f(s)$.

Der Grenzwert der Summe aus den Arbeitsdifferentialen ist die gesuchte Arbeit. Die schon mehrfach benutzte Schreibweise angewandt, ergibt sich

$$W = \int_{s_1}^{s_2} f(s)\, ds.$$

Schon beim Spannen eines Expanders ist die Kraft um so größer, je näher der Ziehende dem Ziel ist. Die Kraft wächst linear mit dem Weg.

$F = \varkappa s$.

Der Faktor $\varkappa$ wird als Federkonstante bezeichnet.

Die Arbeit, um den Expander von 0 auf die Länge l zu ziehen, ist

$$W = \int_0^l \varkappa s\, ds = \varkappa \int_0^l s\, ds = \varkappa \left. \frac{s^2}{2} \right|_0^l = \varkappa \frac{l^2}{2}.$$

Die erreichte Länge geht also quadratisch in die Arbeit ein. Deswegen ist die Gefahr für den Expander, die durch zu weite Streckung der Federn entsteht, gering. Ist also die benötigte Kraft als Funktion vom

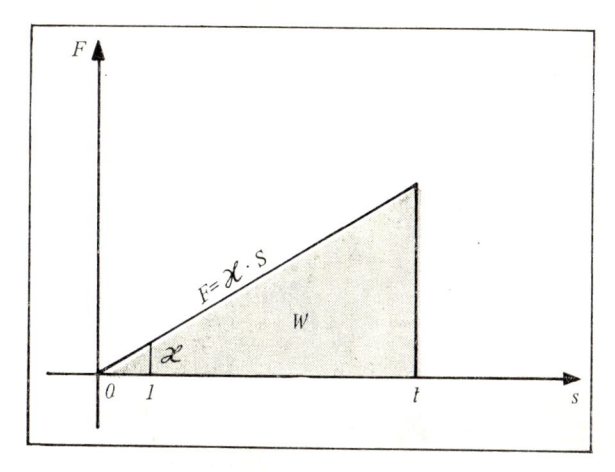

Weg bekannt, so läßt sich unter der Voraussetzung, daß die Kraft und der Weg die gleiche Richtung haben, die Arbeit mit Hilfe der Integralrechnung ermitteln. Da hier Produkte summiert werden, die sich aus der Kraft und dem Wegdifferential ergeben, ist die Maßeinheit für die Arbeit Nm oder Joule.

Für bestimmte Integrale gibt es zahlreiche weitere interessante Anwendungsmöglichkeiten. In jedem Fall wird jedoch der Grenzwert einer Summe von Produkten ermittelt, bei denen ein Faktor gegen Null geht und die Anzahl der Summanden gegen unendlich strebt.

Eine Waschmaschine hat den Anschaffungspreis von 1000 M. Die Reparaturkostenfunktion ist

$$y(t) = 0{,}2\,t^3 + 2, \quad \text{t in Jahren,} \quad \text{y in Mark.}$$

Beispielsweise werden nach dieser Funktion im ersten Jahr 2,20 M und im fünften Jahr 27,00 M Reparaturkosten bezahlt. Im zwanzigsten Jahr sind es bereits

$$y(20) = 1602 \text{ M.}$$

Die optimale Nutzungsdauer $t_{opt}$, das heißt, die Zeit, nach der die Waschmaschine aus ökonomischen Gründen ersetzt werden sollte, wird nach dem Ersatzmodell mit

$$\int_0^{t_{opt}} y(t)\,dt + k = t_{opt}\,f(t_{opt}) \quad \text{bestimmt.}$$

Also:

$$\int_0^{t_{opt}} (0{,}2\,t^3 + 2)\,dt + k = t_{opt}\,(0{,}2\,t_{opt}^3 + 2)$$

EXPANDER ZIEHEN
UND SO WIRD'S GEMACHT:
ATHLET SPANNT DEN EXPANDER UND ÜBERGIBT IHN AN EINEN HERRN AUS DEM SEHR GESCHÄTZTEN PUBLIKUM...
GOLIATH
??
WER ZIEHT DEN EXPANDER AM WEITESTEN?
UND DAFÜR GANZE 100 MARK IN BAR!
...HERREN AUS DEM PUBLIKUM...
NA ZEIGE DOCH MAL, WAS DU KANNST!
100 MARK?
OB ICH?
AUA!
...DER IHN ABER NICHT HALTEN KANN!
DER ARME KERL! GANZ SCHÖN EINGEKLEMMT
UND NUN DER NÄCHSTE BITTE!!

WER HAT NOCH NICHT, WER WILL NOCH MAL?
ICH
... UND WENN ICH NUN ALS ERSTER?
?
NACH KURZEM NACHDENKEN GREIFT HERR X NACH DEM EXPANDER-SPANNT ALS ERSTER UND ÜBERGIBT IHN...
HURRA!
ZIEHEN!
OH!
EIN MANN!
BRAVO!
... DER ABER DEN EXPANDER AUCH NICHT WEITER SPANNEN KANN!
AUCH NICHT WEITER!
MEHR KANN ICH NICHT!
ZIEH DOCH!
NU ZAHLT MAL SCHÖN!
?
PFUI!
BRAVO, BRAVO!
DANKE SEHR! DAS GENÜGT
96, 97, 98, 99, 100!
ICH MACH DEN LADEN ZU!!!
DAS ZIEHT ER MIR VOM TASCHEN GELD AB!
KLATSCH
KLATSCH
ENDE
BRAVO

$$\left| 0{,}2\,\frac{t^4}{4} + 2\,t \right|_0^{t_{opt}} + 1000 = 0{,}2\,t_{opt}^4 + 2\,t_{opt}$$

$$0{,}05\,t_{opt}^4 + 2\,t_{opt} + 1000 = 0{,}2\,t_{opt}^4 + 2\,t_{opt}$$

$$0{,}15\,t_{opt}^4 = 1000$$

$$t_{opt}^4 = \frac{1000}{0{,}15}$$

$$t_{opt} = 9{,}036.$$

Nach 9 Jahren sollte die Waschmaschine ersetzt werden. Die Reparaturkosten betragen bis zu diesem Zeitpunkt insgesamt 423 M.

In einem Zylinder befindet sich ein Kolben mit dem Querschnitt A. Durch den Druck p, der bei Ausdehnung des Volumens im Zylinder entsteht, wird der Kolben mit der Kraft

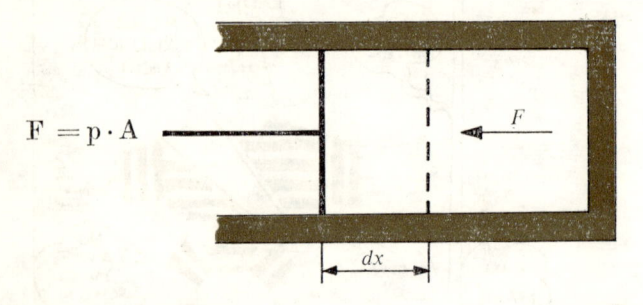

$$F = p \cdot A$$

um das Stück dx herausgedrückt.

Da dx ein Differential des Weges ist, wird die Kraft auf diesem kleinen Stück konstant vorausgesetzt.

Das Volumen im Zylinder vergrößert sich durch die Verschiebung des Kolbens um

$$dV = A \cdot dx.$$

Die Temperatur dabei als konstant vorausgesetzt (isotherme Zustandsänderung), ergibt sich aus dem Gesetz von Boyle-Mariotte:

$$p \cdot V = p_0 \cdot V_0 \quad \text{oder} \quad p = \frac{p_0 \cdot V_0}{V},$$

wobei $p_0$ und $V_0$ die Ausgangswerte für Druck und Volumen darstellen. Die Arbeit W dabei ist

$$dW = -pA\,dx = -p\,dV$$

$$W = - \int_{V_0}^{V_1} p \, dV.$$

Unter der gemachten Voraussetzung einer isothermen Zustandsänderung ergibt sich

$$W = - \int_{V_0}^{V_1} \frac{p_0 V_0}{V} \, dV = - p_0 V_0 \ln |V| \Big|_{V_0}^{V_1} = - p_0 V_0 (\ln |V_1| - \ln |V_0|)$$

$$= - p_0 V_0 \ln \frac{V_1}{V_0}.$$

Nach dieser Beziehung läßt sich die Arbeit des Kolbens bei Kenntnis von Ausgangsvolumen, Ausgangsdruck und Größe des Zylinders $V_1$ berechnen.

Die Erdbeschleunigung g ist in allen Punkten auf und über der Erdoberfläche, die einen gleichen Abstand zum Erdmittelpunkt haben, konstant. Da die Beschleunigung nach unten gerichtet ist, wird sie als negativ festgelegt:

$-a = -g$

$a = \dfrac{dv}{dt} = -g$

$dv = -g \, dt$

$v = -gt + c_1.$

Zum Zeitpunkt $t = 0$ beträgt die Geschwindigkeit eines Körpers $v_0$. Somit ist

$c_1 = v_0$

$v = -gt + v_0$

$\dfrac{ds}{dt} = -gt + v_0$

$ds = (-gt + v_0) \, dt$

$s = -\dfrac{g}{2} t^2 + v_0 t + c_2.$

Zum Zeitpunkt $t = 0$ beträgt der zurückgelegte Weg $s_0$. Somit ist

$c_2 = s_0$

$$s = -\frac{g}{2} t^2 + v_0 t + s_0.$$

Auf solche Weise lassen sich die Gesetze des freien Falls ohne Berücksichtigung des Luftwiderstandes allein aus der Beziehung

$a = -g$  ableiten.

### 5.11. Integrationsregeln mangelhaft, doch trotzdem schnell und sicher integriert

Was nutzen jedoch alle schönen Anwendungen für bestimmte Integrale, wenn die unbestimmte Integration so problematisch ist und die zu integrierende Funktion oft nicht als Gleichung, sondern als Meßtabelle (Wertetabelle) vorliegt. Im letzten Fall versagen die Verfahren der bislang behandelten Integration völlig und bei gegebenen Funktionsgleichungen des öfteren, weil sich der Integrand beim besten Willen nicht auf ein Grundintegral zurückführen läßt.

Hier helfen die im Zeitalter der Taschenrechner und Heimcomputer so günstig auszuführenden Verfahren der numerischen Integration. Es sind Verfahren aus der numerischen Mathematik[28]. Sie sind teilweise älter als die Integralrechnung, denn schon im Jahre 1615 veröffentlichte Johannes Kepler (1571–1630) seine Schrift »Neue Raumlehre der Weinfässer« (»Nova stereometria doliorum vinariorum«).

Darüber hinaus haben die Verfahren einen Nebeneffekt: Während bei den bislang berechneten Integralen in geschlossener Form das Prinzip der Integration (Grenzwertbildung) etwas verwischt wurde, wird hier wieder deutlich sichtbar, daß es bei der Einführung der Integralrechnung zunächst um die Lösung der Aufgabe ging, Produkte zu summieren. Die bei der Integration notwendige Grenzwertbestimmung (beispielsweise bei der Flächenberechnung für eine unendliche Anzahl von Streifen) wird durch eine vorher festzulegende endliche Streifenzahl mit der kleinen, aber endlichen und von Null verschiedenen Breite $\Delta x$ ersetzt. Dabei tritt ein Fehler auf, der als Diskretisierungsfehler bezeichnet wird. Doch dieser bei der Zerlegung in n Streifen endlicher Breite entstehende

---

[28] Die numerische Mathematik faßt unter anderem Verfahren der Differential- und Integralrechnung zusammen, die mathematische Probleme bis zum Zahlenwert lösen.

Fehler steht nicht allein. Wenn die Begrenzungsfunktion $y = f(x)$, die recht kompliziert sein kann, nur in Form einer Wertetafel vorliegt oder nur als graphische Darstellung in der Form eines Kurvenzuges existiert, wird sie bei den Verfahren der numerischen Integration durch einfachere Funktionen ersetzt.

Geeignete einfache Funktionen sind:

1. Geraden, die parallel zur x-Achse verlaufen – die entstehenden Flächenstreifen sind Rechtecke. Für ihre Bestimmung ist nur ein Funktionswert erforderlich. Dieser Ersatz wurde schon bei der Einführung des bestimmten Integrals in Form der eingeschriebenen und umbeschriebenen Rechtecke genommen. Die Ersatzfunktion hat die Gestalt

$y = c$.

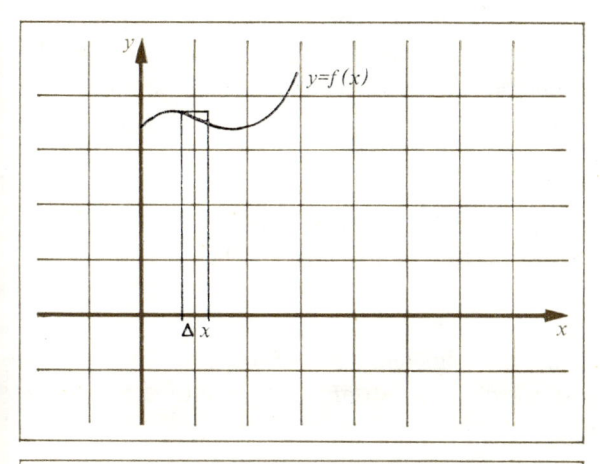

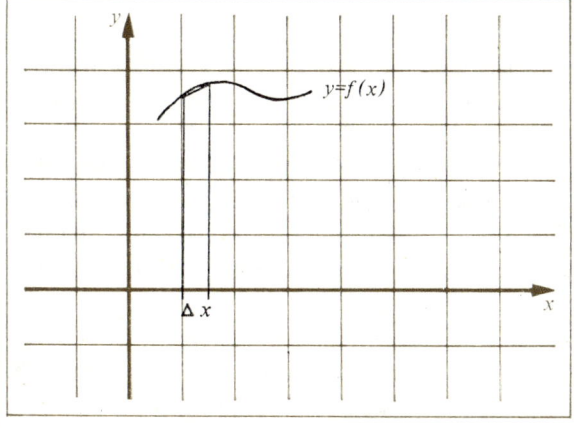

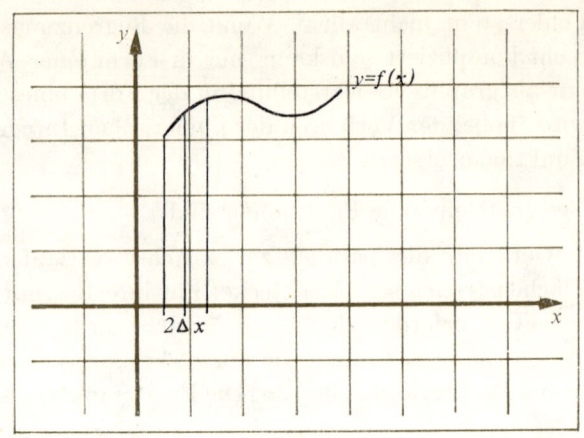

2. Geraden, die durch zwei Funktionswerte gehen
Sie haben einen von Null verschiedenen Anstieg und begrenzen Trapeze. Es ist zu ersehen, daß sich diese Ersatzfunktionen besser als Rechtecke dem Funktionsbild anpassen können. Die Ersatzfunktionen haben die Form

$$y = mx + n,$$

sind also lineare Funktionen, da x in der ersten Potenz auftritt. Die Funktion $y = c$ ist eine Ersatzfunktion nullten Grades, da

$$x^0 = 1 \text{ ist.}$$

3. Für die Bestimmung von Parabelgleichungen sind drei Punkte erforderlich. Aus diesem Grund werden die Streifen der Breite $\Delta x$ bei der Ersatzfunktion

$$y = ax^2 + bx + c$$

durch eine Parabel zu Doppelstreifen erweitert. Die Parabelkonstanten a, b, c werden so gewählt, daß die Ersatzkurve mindestens durch drei vorgegebene Punkte geht.
Eine Parabel kann sich einer beliebigen Funktion im Doppelstreifen natürlich noch viel besser anpassen. Darüber hinaus ist eine Parabel sehr leicht zu integrieren, auf jeden Fall viel besser als eine beliebige Funktion, von der oft auch nur das graphische Bild oder die Wertetabelle bekannt ist.
Gleichwohl könnte der Versuch unternommen werden, noch mehr Punkte zu nehmen und Ersatzfunktionen höheren Grades zu bestimmen. Das ist zwar möglich und führt auch meist zu einer Erhöhung der Genauigkeit.

Je höher die Potenz der Ersatzfunktionen ist, um so besser läßt sie sich an die vorgegebene Funktion angleichen. Doch das ist nicht der richtige Weg in einer Zeit, in der durch moderne elektronische Taschenrechner oder Kleincomputer der Rechenaufwand bei der Summenbildung leicht zu realisieren ist. Doch die Ersatzfunktion verursacht neben dem sogenannten Diskretisierungsfehler einen Verfahrensfehler, der um so größer ist, je primitiver die Ersatzfunktion und je einfacher das Verfahren ist. Bei den nachfolgend anzugebenden Verfahren soll der Grad der Ersatzfunktion nie über 2 gesteigert werden. Eine höhere Genauigkeit kann schneller und einfacher durch die Erhöhung der Streifenanzahl, das heißt durch kleinere Streifenbreite, erreicht werden. Dieser Zuwachs an Genauigkeit bedeutet doch immer einen höheren Rechenaufwand. Aus diesem Grund gilt auch hier die bekannte Devise: Nicht so genau wie möglich, sondern immer nur so genau wie erforderlich!

Ein Beispiel für eine Ersatzfunktion nullten Grades wurde für den Viertelkreis im Abschnitt 5.8. mit der Summe der eingeschriebenen und umbeschriebenen Rechtecke bereits demonstriert. Auch wurde hierbei gezeigt, wie die Genauigkeit durch eine höhere Streifenanzahl und sich dadurch verringernde Streifenbreite gesteigert werden kann. Deswegen soll gleich eine Ersatzfunktion ersten Grades betrachtet werden. Die entstehenden Flächenstreifen sind Trapeze und die Ersatzfunktionen Sehnen, da sich die Fläche in Trapezstreifen zerlegen läßt. Die Funktion wird in einem Streifen in zwei Punkten durch die Ersatzfunktion geschnitten.

Die einzelnen Streifen haben eine Fläche, die sich aus der Formel für die Trapezfläche bestimmen läßt:

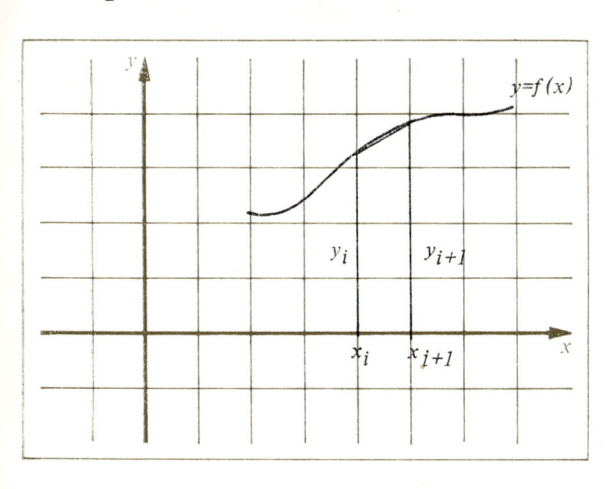

$$A = \frac{a + b}{2} \cdot h.$$

Um uns den allgemein üblichen Bezeichnungen anzupassen, wird die Breite $\Delta x$ fortan durch h bezeichnet.

Sind nun die Abszissenwerte gleichabständig[29] gewählt und die $n+1$ zugehörigen Funktionswerte bekannt, so berechnen sich die einzelnen Trapezflächen

$$A_1 = \frac{y_0 + y_1}{2} h \quad A_2 = \frac{y_1 + y_2}{2} h \quad A_3 = \frac{y_2 + y_3}{2} \cdots A_n = \frac{y_{n-1} + y_n}{2} h$$

$$A = A_1 + A_2 + A_3 + \cdots + A_n.$$

Daraus ergibt sich die Sehnen-Trapez-Formel zur Berechnung des bestimmten Integrals (Näherungsformel):

$$A = \int_{x_0}^{x_n} f(x)\,dx \approx h \left( \frac{y_0}{2} + y_1 + y_2 + \cdots + y_{n-1} + \frac{y_n}{2} \right).$$

In Worten heißt das: Sind zu $(n+1)$ Abszissenwerten mit gleichem Abstand die zugehörigen Funktionswerte $(y_0, y_1, y_2, \cdots, y_n)$ bekannt, so läßt sich nach der Sehnen-Trapez-Formel das bestimmte Integral berechnen, indem alle Funktionswerte addiert und die Randwerte mit ihrem halben Wert in die Summe eingehen. Zum Schluß ist mit der konstanten Streifenbreite zu multiplizieren.

Da die Streifenbreite gleich ist, berechnet sich h aus der Formel

$$h = \frac{x_n - x_0}{n},$$

wobei $x_n$ der letzte und $x_0$ der erste Abszissenwert und n die Anzahl der Streifen ist.

Im Beispiel »Viertelkreis« ergibt sich aus der Tabelle der Funktionswerte

$n = 4$ $\qquad h = \dfrac{1-0}{4} = 0{,}25 \qquad A_4 \approx 0{,}25 \cdot 2{,}9956 = 0{,}7489$

$n = 5$ $\qquad h = \dfrac{1-0}{5} = 0{,}20 \qquad A_5 \approx 0{,}20 \cdot 3{,}7963 = 0{,}7593$

$n = 10$ $\qquad h = \dfrac{1-0}{10} = 0{,}10 \qquad A_{10} \approx 0{,}10 \cdot 7{,}7612 = 0{,}7761$

$n = 20$ $\qquad h = \dfrac{1-0}{20} = 0{,}05 \qquad A_{20} \approx 0{,}05 \cdot 15{,}6420 = 0{,}7821$.

[29] äquidistant

Zum Vergleich noch einmal der Näherungswert

$$A = \frac{\pi}{4} \approx 0{,}7854.$$

Für n = 40 wurde mit dem Taschenrechner die Wertetabelle aufgestellt und der Wert

$$n = 40 \quad h = \frac{1-0}{40} = 0{,}025 \quad A_{40} \approx 0{,}025 \cdot 31{,}3695 = 0{,}7842$$

berechnet, was dem genauen Wert schon ausreichend nahekommt.
Die Nebenrechnung wird hier weggelassen, denn das Prinzip ist bereits klar. Es kann also jede Genauigkeit durch die Sehnen-Trapez-Formel erreicht werden, wenn die Streifenbreite nur genügend klein gewählt wird. Dabei gestaltet sich die Berechnung sehr einfach. Meist ist ja von der Funktion ohnehin statt der Gleichung eine Wertetabelle bekannt. Haben die zugehörigen Abszissenwerte die gleichen Abstände, so sind die halben Ordinatenwerte vom Anfang und Ende zu den restlichen Ordinatenwerten zu addieren. Mit der Streifenbreite h multipliziert, ergibt sich ein guter Näherungswert für das bestimmte Integral.
Die letzte Ersatzfunktion, die hier angewandt werden soll, ist, wie angekündigt, die Parabel. Diese Ersatzfunktion ist immer dann fehlerfrei, das heißt mit keinem Verfahrensfehler belastet, wenn eine Fläche unter einer Parabel zu integrieren ist. Ein erster Ansatz geht auf die bereits vorn angegebene Schrift von Kepler zurück und wird als Keplersche Faßregel bezeichnet.
Es sind von der Funktion 3 Punkte mit gleichem Abstand der Abszissenwerte gegeben.
Die Punkte heißen

$(x_0; y_0); \quad (x_1; y_1); \quad (x_2; y_2)$

und werden durch eine Parabel verbunden. Dabei sind die beiden Randpunkte die Begrenzungspunkte für die Fläche, die nach der Formel

$$A = \int_{x_1}^{x_2} f(x)\,dx \approx \frac{x_2 - x_0}{6}(y_0 + 4y_1 + y_2)$$

näherungsweise berechnet werden kann.
Für den Viertelkreis ergibt sich daraus mit

$(0; 1); \quad (0{,}5; 0{,}8660); \quad (1; 0)$

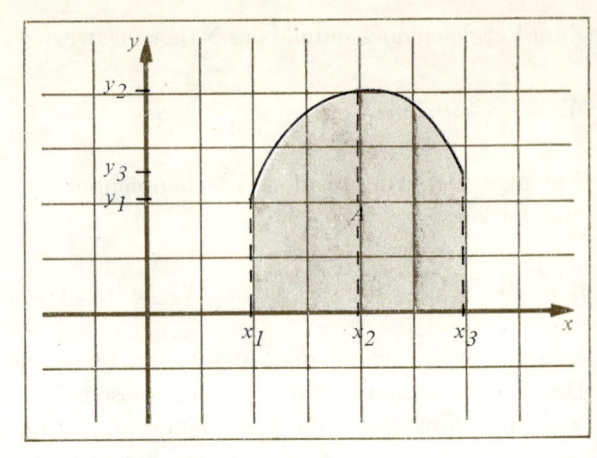

$$A \approx \frac{1-0}{6} (1 + 4 \cdot 0{,}8660 + 0) = 0{,}7440.$$

Der Wert hier ist relativ schlecht, wenn er mit den anderen Näherungswerten verglichen wird. Bei der kritischen Bewertung ist jedoch zu berücksichtigen, daß nur 3 Kurvenpunkte in die Rechnung eingehen und der Rechenaufwand auf diese Weise äußerst gering ist. Bei 3 Punkten mit dem gleichen Abszissenabstand berechnet sich die Fläche näherungsweise aus dem Produkt der durch 6 geteilten Abszissendifferenz und der Summe, in der beide Randordinaten einfach und die mittlere Ordinate vierfach bewertet werden.

Vor allem bei großen Integrationsintervallen ist die Flächenabschätzung nach der Keplerschen Faßregel so schlecht, daß die praktische Verwendung nicht mehr möglich ist.

Unter der Voraussetzung, daß genügend Funktionswerte gegeben sind, kann man die Streifenanzahl jedoch auch hier vergrößern. Die Streifen der Sehnen-Trapez-Regel wurden inzwischen durch die Doppelstreifen der Breite 2 h abgelöst, die uns bei der Faßregel begegneten. Bei der letzten Regel gehen wir davon aus, daß stets eine gerade Anzahl von Streifen gebildet werden kann, die sich zu n Doppelstreifen zusammenfügen lassen. Die Punkte sind in einer Skizze angegeben. Die Regel, auf deren Ableitung hier wie gewöhnlich verzichtet werden soll, trägt den Namen ihres Entdeckers, des englischen Mathematikers Thomas Simpson (1710—1761).

Die Simpsonsche Regel:

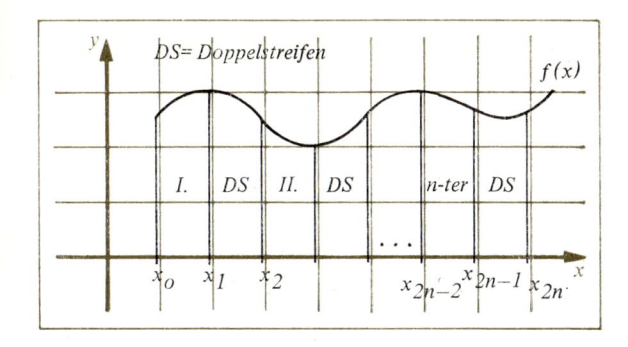

$$\int_{x_0}^{x_{2n}} f(x)\,dx \approx \frac{x_{2n} - x_0}{6n} [y_0 + 4(y_1 + y_3 + \cdots + y_{2n-1}) + 2(y_2 + y_4 + \cdots + y_{2n-2}) + y_n].$$

Diese kompliziert aussehende, jedoch leicht zu handhabende und gute Resultate ergebende Regel heißt in Worten:
Bei einer geraden Anzahl von Doppelstreifen ergibt sich der Flächeninhalt näherungsweise, indem die Integrationsintervallänge ($x_{2n} - x_0$) durch $6n$ (n Anzahl der Doppelstreifen) dividiert und mit der Summe multipliziert wird, die aus den bewerteten Ordinaten zu erhalten ist. Anfangs- und Endwert werden einfach, alle Ordinaten an ungerader Stelle vierfach und die an gerader Stelle stehenden doppelt bewertet.
Noch einmal zum Kreis.
Dabei fällt $n = 5$ heraus, denn das ergibt keine gerade Streifenzahl. Doch für $n = 4$ ist (die Werte wurden aus der Tabelle im Abschnitt 5.8. entnommen)

$$A_{2DS} \approx \frac{1-0}{6 \cdot 2} [\underbrace{1{,}0000}_{y_0} + 4(\underbrace{0{,}9682 + 0{,}6614}_{y_1 \quad y_3}) + 2 \cdot \underbrace{0{,}8660}_{y_2} + \underbrace{0{,}0000}_{y_4}]$$

$$A_{2DS} \approx \frac{1}{12} (1{,}0000 + 4 \cdot 1{,}6296 + 1{,}7320 + 0{,}0000)$$

$$A_{2DS} \approx \frac{1}{12} \cdot 9{,}2504 = 0{,}7709.$$

Bei 4 Streifen oder 2 Doppelstreifen gibt es neben den beiden Randwerten zwei an ungerader Stelle stehende Ordinatenwerte und einen an gerader Stelle stehenden Ordinatenwert. Das Ergebnis ist ähnlich gut, wie das mit der Sehnen-Trapez-Regel erreichte, allerdings waren dabei schon

10 Streifen erforderlich, um eine ähnlich hohe Genauigkeit zu erreichen. Für n = 10 (5 Doppelstreifen) ist

$$A_{5\,DS} \approx \frac{1-0}{6 \cdot 5} [1,0000 + 4 \cdot 3,9649 + 2 \cdot 3,2963 + 0,0000] = \frac{23,4522}{30}$$

$$= 0,7817.$$

Und der Abschluß wird mit n = 20 (10 Doppelstreifen) erreicht:

$$A_{10\,DS} \approx \frac{1-0}{60} [1,0000 + 4 \cdot 7,8808 + 2 \cdot 7,2612 + 0,0000] = \frac{47,0456}{60}$$

$$= 0,7841.$$

Doch nun zu einer wesentlich wichtigeren Aufgabenstellung. Der große deutsche Mathematiker Carl Friedrich Gauß (1777–1855) hat das Fehlerintegral in die Wahrscheinlichkeitsrechnung, ein wichtiges Teilgebiet der modernen Mathematik, eingeführt. Es ist das Integral mit dem Integranden

$$y = e^{-x^2}.$$

Die Stammfunktion ist nicht durch eine Funktionsgleichung anzugeben, da sich der Integrand nicht vereinfachen oder auf ein Grundintegral zurückführen läßt. Die Funktion $y = e^{-x^2}$ ergibt als Bild die sogenannte Gaußsche Glockenkurve, die qualitativ folgendermaßen zu umschreiben ist: Die Wahrscheinlichkeit der Abweichungen vom Mittelwert wird immer kleiner (nie Null), je größer die Abweichung ist (absoluter Wert der Abweichung). Die Gaußsche Glockenkurve ist symmetrisch. Die y-Achse ist die Symmetrieachse. Bei der Abschätzung des Integralwertes

$$\int_1^0 e^{-x^2}\,dx$$

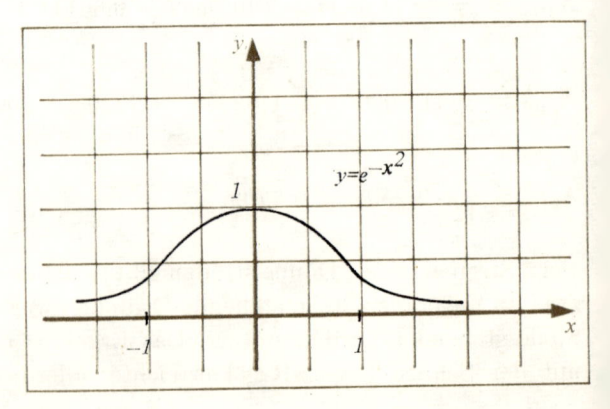

gibt es ohnehin nur die Möglichkeit der näherungsweisen Berechnung. In einer Wertetabelle wird die kleine Schrittweite von h = 0,05 gewählt, womit 21 Werte (Streifen) zu berücksichtigen sind.

| x | 0,00 | 0,05 | 0,10 | 0,15 | 0,20 | 0,25 | 0,30 |
|---|---|---|---|---|---|---|---|
| $y = e^{-x^2}$ | 1,0000 | 0,9975 | 0,9900 | 0,9778 | 0,9608 | 0,9394 | 0,9139 |

| x | 0,35 | 0,40 | 0,45 | 0,50 | 0,55 | 0,60 | 0,65 |
|---|---|---|---|---|---|---|---|
| $y = e^{-x^2}$ | 0,8847 | 0,8521 | 0,8167 | 0,7788 | 0,7390 | 0,6977 | 0,6554 |

| x | 0,70 | 0,75 | 0,80 | 0,85 | 0,90 | 0,95 | 1,00 |
|---|---|---|---|---|---|---|---|
| $y = e^{-x^2}$ | 0,6126 | 0,5698 | 0,5273 | 0,4855 | 0,4449 | 0,4056 | 0,3679 |

Zur Beachtung: $e^{-x^2} = \dfrac{1}{e^{x^2}}$.

Wer seinen Taschenrechner einmal über das gewohnte Maß hinaus nutzen will, der kann hier nach- und mitrechnen.

Der Wert nach der Sehnen-Trapez-Regel ist bei der Streifenbreite von 0,10

$$A_{ST} = 0{,}10 \left(\frac{1{,}0000}{2} + 0{,}9900 + 0{,}9608 + \cdots + 0{,}4449 + \frac{0{,}3679}{2}\right)$$
$$= 0{,}7462,$$

bei der doppelten Streifenzahl ist

$$A_{ST} = 0{,}05 \cdot 14{,}9335 = 0{,}7467.$$

Es ergibt sich nach der Faßregel von Kepler ein Wert von

$$A_{KF} = \frac{1-0}{6} (1{,}0000 + 4 \cdot 0{,}7788 + 0{,}3679) = \frac{4{,}4831}{6} = 0{,}7472.$$

Der Fehler dieser Abschätzung liegt unter $\dfrac{5}{1000}$, wie nach einer Formel berechnet werden kann. Hier soll auf solche Abschätzungen verzichtet werden. Es zeigt sich jedoch, wie gut die vor mehr als 350 Jahren gefundene Formel von Johannes Kepler für ein nicht zu großes Integrationsintervall ist.

Für die 10 Doppelstreifen ergibt sich nach der Simpsonschen Formel noch genauer

$$A_S = \frac{1}{60} (1{,}0000 + 4 \cdot 7{,}4714 + 2 \cdot 6{,}7781 + 0{,}3679) = 0{,}7468.$$

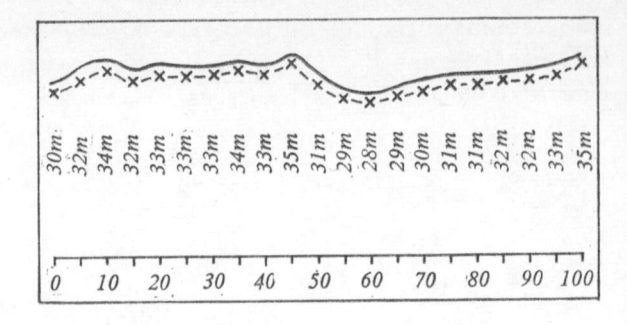

Der Fehler unterschreitet schon die Genauigkeit, die mit einem durchschnittlich leistungsfähigen Taschenrechner zu erreichen ist. Zum Abschluß noch eine Flächenberechnung. Dazu wird alle 5 m der Abstand zwischen einer geradlinig verlaufenden Straße und einem Bach gemessen. Es ergibt sich das in der Skizze angegebene Aufmaß. Nach der Sehnen-Trapez-Regel finden wir für die Fläche zwischen Straße und Bach:

$$A = 5(15 + 605 + 17{,}5) = 3187{,}5 \text{ m}^2,$$

die eine gute Abschätzung darstellt.

Zur Anwendung der Keplerschen Faßregel ist die Fläche zu lang. Aus der Simpsonschen Formel ergibt sich für A (sie Streifenzahl ist gerade) bei 10 Doppelstreifen

$$A_S = \frac{100}{60} [30 + 4(32 + 32 + 33 + 34 + 35 + 29 + 29 + 31 + 32 + 33)$$

$$+ 2(34 + 33 + 33 + 33 + 31 + 28 + 30 + 31 + 32) + 35]$$

$$A_S = \frac{5}{3}(30 + 1280 + 570 + 35) = 3191{,}7 \text{ m}^2.$$

Die Abweichung zwischen beiden Werten beträgt nur 4,2 m² oder 0,2%. Das ist unerheblich.

Es wurden hier nur einige Beispiele zur Flächenberechnung angegeben. Auch für andere Anwendungsmöglichkeiten der bestimmten Integrale gibt es zahlreiche interessante Beispiele. Vor allem der Statiker nutzt die Möglichkeiten der näherungsweisen Berechnung von Integralen und verzichtet in der Regel auf die Grenzwertbildung. Es wird, das haben alle Näherungsformeln gemeinsam, hierbei immer eine endliche Anzahl von Summanden addiert, wobei der eine Faktor zwar auf Kosten eines höheren Rechenaufwandes verringert werden kann, jedoch immer ein endlicher Diskretisierungsfehler in Kauf genommen werden muß. Die

Ersatzfunktion, die sich beispielsweise in Parabelform der zu integrierenden Funktion in 3 Punkten genau anpaßt und ansonsten alle Drehungen und Wendungen mitzumachen versucht, bewirkt jedoch immer einen Verfahrensfehler, wenn die zu integrierende Funktion einen Grad hat, der größer als 2 ist. Da heute eine Vielzahl von guten elektronischen Taschenrechnern und Kleincomputern zur Verfügung steht, ist eine Genauigkeitssteigerung in jedem Fall durch eine Erhöhung der Streifenanzahl zu erreichen. Somit kann durch die numerische Integration jedes bestimmte Integral mit der erforderlichen Genauigkeit berechnet werden. Besonders geeignet sind die Verfahren dann, wenn sich die Funktionswerte in einer Zeichnung leicht ablesen lassen oder gleich in einer Wertetabelle gegeben sind.

Zum Abschluß des Abschnitts noch eine Zusammenstellung der wichtigsten Formeln der numerischen Integration.
Voraussetzung zur Anwendung der nachfolgend angegebenen Formeln ist, daß $(n + 1)$ Wertepaare der Funktion $y = f(x)$ gegeben sind.
$(x_0; y_0); (x_1; y_1) \cdots (x_n; y_n)$.

1. Der Abstand zwischen den Abszissenwerten ist gleich und hat den Wert

$$h = \frac{x_n - x_1}{h} \quad \text{(h-Anzahl der Streifen)}.$$

Sehnen-Trapez-Regel:

$$\int_{x_0}^{x_n} f(x)\,dx \approx h \left( \frac{y_0}{2} + y_1 + y_2 + \cdots + y_{n-1} + \frac{y_n}{2} \right).$$

2. Sind nur 3 Punkte bekannt und ist der Abschnitt zwischen $x_0$ und $x_2$ nicht so groß, so kann die näherungsweise Berechnung des bestimmten Integrals nach der Keplerschen Faßregel durchgeführt werden:

$$A = \int_{x_0}^{x_2} f(x)\,dx \approx \frac{x_2 - x_0}{6} (y_0 + 4\,y_1 + y_2).$$

3. Ist n eine gerade Zahl (Zahl der Doppelstreifen), so erfolgt eine genauere Berechnung des bestimmten Integrals nach der Simpsonschen Formel:

$$A = \int_{x_1}^{x_{2n}} f(x)\,dx = \frac{x_{2n} - x_0}{6n} \times$$

$$\times [y_0 + 4(y_1 + y_3 + \cdots + y_{2n-1}) + 2(y_2 + y_4 + \cdots + y_{2n-2} + y_n)].$$

## 5.12. Wer will für Quotienten von Differenzen die Verantwortung übernehmen?

Verständlich ist nun, da sich die Verfahren der numerischen Integration so überzeugend bewährt haben, daß der Ruf nach ähnlichen Verfahren für die numerische Differentiation erschallt. Analog würde das heißen: Grenzwertbildung eines Quotienten von Differenzen. Wenngleich die Verfahren nie bis zum Grenzwert gehen, so wird die Schrittweite, das heißt der Abstand zwischen den Abszissenwerten, klein gewählt werden müssen, wenn primitivste Genauigkeitsforderungen erfüllt sein sollen. Das heißt aber auch, daß sich die Funktionswerte erst in einigen Stellen hinter dem Komma unterscheiden. Werden derartige dicht beieinanderliegende Zahlen subtrahiert, so löschen sich die ersten Ziffern gewöhnlich aus.

Sehen wir uns beispielsweise die Funktionswerte des Viertelkreises für $x_1 = 0{,}10$ entspricht $y(0{,}10) = 0{,}9950$ und für $x_2 = 0{,}15$ entspricht $y(0{,}15) = 0{,}9887$ einmal an. Die Differenz ergibt

$\Delta y = -0{,}0063$.

Bei einer durchgängigen Rechnung mit 4 Stellen nach dem Komma bleiben lediglich die letzten beiden Stellen verschieden von Null. Doch das ist erst einmal nur der Zähler. Es soll noch schlimmer kommen!

Der Nenner des Differenzenquotienten $\Delta x$ muß nun auch recht klein gewählt werden, um wenigstens in die Nähe des Differentialquotienten zu gelangen.

Geometrisch soll sich der durch den Differenzenquotienten ausgedrückte Sekantenanstieg dem durch den Differentialquotienten bezeichneten Anstieg der Tangente nähern. Doch was passiert bei Division durch sehr kleine Werte?

Es steht eine negative Zehnerpotenz im Nenner, die mit positivem Exponenten in den Nenner gelangt. Das heißt wieder, daß mit einer großen Zahl multipliziert werden muß. Der andere Faktor, die Differenz der Ordinatenwerte, ist durch den besprochenen Auslöschungseffekt bis auf wenige Stellen hinter dem Komma gleich Null.

Welche hohe Ungenauigkeit dadurch entsteht, kann schon aus dem hier begonnenen Beispiel ersehen werden:

$$\frac{\Delta y}{\Delta x} = \frac{y_2 - y_1}{x_2 - x_1} = -\frac{0{,}006\,3}{0{,}050\,0} = -\frac{0{,}006\,3 \cdot 10^2}{5} = -\frac{0{,}63}{5} = -0{,}126.$$

Es sind also im Prinzip von den 4 Stellen nach dem Komma, über die die Funktionswerte verfügen, nur noch 2 Stellen nach dem Komma übriggeblieben, denn über die 3. Stelle nach dem Komma kann man eine geteilte Meinung haben. Eine beabsichtigte Steigerung der Genauigkeit, was von der Idee her der einzige Weg wäre, um näher an den Tangentenanstieg heranzukommen, scheitert daran, daß die Funktionswerte noch stärker aneinanderrücken. Dadurch wird aber der Auslöschungseffekt noch größer und die Zahl $\Delta x$ im Nenner noch kleiner. So erhält man die gewünschte Genauigkeitssteigerung nicht. Im Gegenteil, die Genauigkeit wird herabgesetzt. Hier stößt der theoretisch einwandfreie Weg also auf praktische Schwierigkeiten, da sowohl die Subtraktion von Zahlen mit geringem Größenunterschied als auch die Division mit kleinen Zahlen in numerischer Hinsicht instabil ablaufen. Die Ergebnisse, die auf solche Art erhalten werden, sind wenig genau und deswegen nur mit größter Vorsicht zu verwerten. In dem angegebenen Beispiel läßt sich der Wert der Ableitung an der Stelle 0,1 durch Anwendung der Kettenregel (Nachdifferenzieren nicht vergessen!) schnell und genau bestimmen:

$$y = \sqrt{r^2 - x^2}$$

$$\frac{dy}{dx} = \frac{-2x}{2\sqrt{r^2 - x^2}} = -\frac{x}{\sqrt{r^2 - x^2}} = -\frac{0{,}1}{\sqrt{1 - 0{,}1^2}} = -\frac{0{,}1}{y} = -\frac{0{,}1}{0{,}9950}$$

$$\frac{dy}{dx}(0{,}1) = -0{,}1005.$$

Das sind doch erhebliche Abweichungen zu dem oben bestimmten Wert!

## 5.13. Über die wunderbare Ergänzung von reiner und angewandter Mathematik

Schon über die Bezeichnung reine Mathematik läßt sich streiten, denn die Mathematik kann nicht geteilt werden. Das Gegenteil von reiner Mathematik wäre ja die unreine, was einer Beleidigung für die Mathematiker gleichkommen würde, die sich um die wertmäßige Berechnung eines Problems bemühen, Aussagen über die Genauigkeit des Verfahrens oder der Lösung treffen, Voraussetzungen für den Einsatz moderner elektronischer Rechenanlagen schaffen und viele ähnliche Aufgaben lösen.

Die theoretische oder reine Mathematik gibt sich dann mit der Lösung eines Problems zufrieden, wenn die gesuchte Größe in einem geschlossenen Ausdruck, beispielsweise durch eine Funktion, dargestellt werden kann. Hier beginnt nun die Aufgabe des mit der praktischen Mathematik beauftragten Kollegen. Er muß die Berechnungen fehlerfrei und zuverlässig ausführen, darf dazu möglichst wenig Zeit verwenden und muß verständliche Ergebnisse vorlegen. Der reine Mathematiker sagt, daß sich die Mantelfläche eines Rotationskörpers nach der Formel

$$M = 2\pi \int_{x_1}^{x_2} f(x) \sqrt{1 + \left(\frac{dy}{dx}\right)^2}\, dx$$

ergibt. Die Berechnung des Zahlenwertes ist äußerst kompliziert. Das zeigt ein Blick auf den Integranden und unsere hier angegebenen Integrationsmöglichkeiten. Doch hat gerade in der Integrationsrechnung die numerische Mathematik eine Vielzahl von sehr stabilen Näherungsverfahren, die durch eine genügend kleine Schrittweite so genaue Ergebnisse liefern, daß jede vorgegebene Genauigkeitsforderung erfüllt werden kann. Das ist höchst beruhigend. Die Integration wird auf die Grundrechenoperationen Addition und Multiplikation zurückgeführt, bei denen die Operation sehr stabil verläuft. Im Prinzip kann also mit dem primitivsten Taschenrechner, der nur addieren und multiplizieren kann, hinreichend genau und sicher integriert werden.

Abgesehen davon, daß die Funktion $y = f(x)$ oft nicht als Funktionsgleichung, sondern ohnehin nur als Wertetabelle vorgeben ist, zeigt sich bei dieser Integrationsausführung die Brauchbarkeit der numerischen Mathematik, die stark eingeschränkte Integrationsmöglichkeiten, wenn die Funktion als Gleichung angegeben werden soll, ausgleicht.

Der höhere Rechenaufwand sollte im Zeitalter der elektronischen Rechentechnik nicht mehr ins Gewicht fallen.

Im vorigen Abschnitt wurde jedoch auch ersichtlich, daß die praktische Mathematik bei der Differentiation von Funktionen manchen Wunsch nach sicheren und genauen Ergebnissen nicht erfüllen kann. Die Zurückführung des Differenzierens auf Subtraktionen und Divisionen gestaltet sich äußerst problematisch, da beide Umkehrungen der Grundrechenoperationen numerisch nicht stabil sind. Bei der Subtraktion treten Auslöschungseffekte von gültigen Ziffern auf, und bei der Division durch kleine Zahlen, wie es im Sinne der Verfahrensgenauigkeit erforderlich ist, gleiten die Ergebnisse schnell über vorgegebene Genauigkeitsforderungen, so daß die Ergebnisse, wenn überhaupt, dann nur mit äußerster Vorsicht zu gebrauchen sind. Dafür ist die Differentiation einer Funktion nach den hier angegebenen Regeln immer ohne Mühe auszuführen. Die Regeln liefern nicht nur die Ableitungen an einer Stelle, sondern gleich die gewünschte Ableitungsfunktion der gesuchten Ordnung. Somit ergänzen sich reine und numerische Mathematik in der Infinitesimalrechnung auf das vorzüglichste. Wo die eine Disziplin gut ist, vermag die andere nicht viel, und wo die eine an ihre Grenzen gerät, füllt die andere das entstehende Loch sehr gut aus.

Bemerkt werden muß jedoch auch hier, daß es für den Fall von unzureichenden Möglichkeiten der numerischen Mathematik bei der Differentiation bleiben muß, bei der die Funktion nicht als Gleichung $y = f(x)$, sondern als Meßreihe oder allgemein als Wertetabelle gegeben ist.

## 5.14. Es geht auch graphisch

Oft ist eine Funktion, deren Ableitung oder deren Integral ermittelt werden soll, weder als Funktionsgleichung noch als Wertetabelle gegeben. Die vielfältigen Möglichkeiten moderner Geräte liefern auf einem Kurvenschreiber oder einem Bildschirm die graphische Darstellung der Funktion. Dieses Kurvenbild muß dann der Ausgang für die Integration oder Differentiation sein. Nun könnte man den Versuch unternehmen, einzelne Werte herauszulesen, eine Wertetabelle aufzustellen und dann die Gleichung $y = f(x)$ ermitteln, um sie anschließend zu differenzieren oder zu integrieren. Dieser Gedanke sollte aber nicht fortgesetzt werden!
Differentiation und Integration der graphisch gegebenen Funktion $y = f(x)$ können graphisch erfolgen. Von diesen Verfahren ist allerdings keine allzu große Genauigkeit zu erwarten. Allein diese Forderung wäre schon angebracht, denn auch die gegebene Funktion kann nur so genau sein, wie es die Zeichengenauigkeit zuläßt. Als Nebeneffekt der kurzen Darstellung von graphischen Verfahren wird noch einmal das Grundprinzip der Differentiation und der Integration anschaulich gezeigt. Kehren wir also wieder einmal an den Ausgangspunkt der Infinitesimalrechnung zurück und beginnen wieder mit der Differentiation.
Bei der Bestimmung der Ableitung ist die Aufgabe gestellt, den Anstieg der Funktion an einer Stelle zu ermitteln.

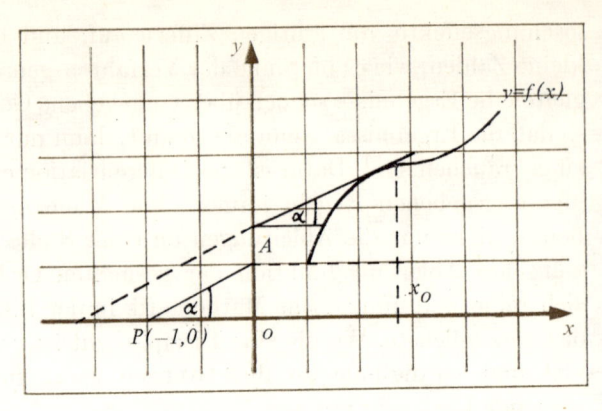

Zur Ordinatenachse wird in dem Punkt eine Parallele gezogen, und dort, wo sie die Funktion schneidet, die Tangente an die Kurve gelegt. Das geschieht frei Hand und ausschließlich nach Augenmaß. Wir sehen die Schwierigkeiten der graphischen Differentiation! Die Genauigkeit bei dieser Art und Weise einer Tangentenkonstruktion ist nicht besonders groß. Mit zwei Zeichendreiecken wird die so angegebene Tangente parallel verschoben, so daß sie durch den Punkt (−1; 0) geht. Dieser Punkt wird als Polstelle des Verfahrens bezeichnet. Dort, wo die verschobene Tangente die y-Achse schneidet, steht die Maßzahl für die Ableitung der Funktion in diesem Punkt. Die Höhe auf der y-Achse wird nun nur noch auf der Parallelen durch $x_0$ notiert, womit ein Wert (Punkt) der Ableitungsfunktion graphisch ermittelt wurde.

Beweis:

$$\tan \alpha = \frac{\overline{CA}}{\overline{PO}} = \overline{OA_1}.$$

$\overline{PO}$ ist gleich 1, wenn der Pol auf die beschriebene Art und Weise festgelegt wird.

Wie eben für einen Punkt, so kann die Ableitung einer Funktion punktweise gezeichnet und zur Funktion $y' = f'(x)$ zusammengefügt werden. In der angegebenen Skizze wurden die 1. Ableitung und die 2. Ableitung eingezeichnet.

Links vom Maximum ist der Wert der Ableitung immer positiv, wie an einem Punkt nach dem angegebenen Prinzip der graphischen Differentiation gezeigt werden kann. Der Winkel wird kleiner und fällt im Maximum auf Null. Ab diesem Punkt ist die Ableitung bis zum Minimum negativ. Der Winkel liegt im II. Quadranten zwischen 90° und 180°. Der Winkel wird zunächst kleiner, was bedeutet, daß die Ergänzung zu 180° größer wird. Der negative Wert der Ableitung wächst, erreicht sein Maximum und wird dann wieder größer, ohne allerdings vor dem Minimum der Funktion positive Werte zu erreichen. Im Minimum ist der Wert der 1. Ableitung Null. Ab dieser Stelle liegen die Tangentenwinkel zwischen 0° und 90°, sind also positiv und wachsen. Die graphische Ableitung der 1. Ableitung ergibt die 2. Ableitung. Zunächst liegen die Tangentenwinkel zwischen 90° und 180°. Der Anstieg ist negativ. Die Winkel werden bis zum Minimum größer, haben also eine kleiner werdende Ergänzung zu 180°. Das bedeutet eine Zunahme der Ableitungswerte. Im Minimum angelangt, beträgt der Winkel 180° oder 0°, und die zweite Ableitung hat den Wert Null. Ab dieser Stelle werden die Werte der 2. Ableitung wieder positiv und haben steigende Tendenz.

Die Skizze verdeutlicht nochmals die Bedingungen für Extremstellen deutlich sichtbar.

Diese Bedingungen wurden bereits weiter vorn erläutert und angegeben.

|  | notwendige Bedingung | hinreichende Bedingung |
|---|---|---|
| MAXIMUM | $f'(x_{max}) = 0$ | $f''(x_{max}) < 0$ |
| MINIMUM | $f'(x_{min}) = 0$ | $f''(x_{min}) > 0$. |

Der Punkt, in dem die 2. Ableitung Null wird, ist hier ein Wendepunkt. Eine Funktion hat wie eine Straße dort einen Wendepunkt, wo Rechts- und Linkskurve zusammenstoßen. Der Fahrer eines PKW muß in einem

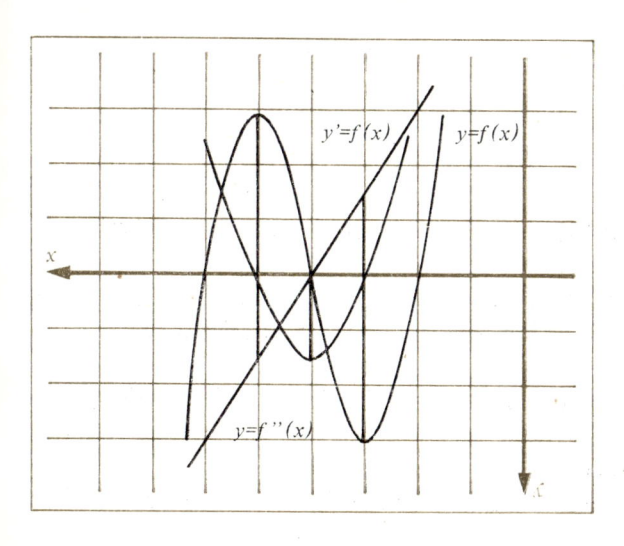

Wendepunkt die Drehrichtung des Steuerrades ändern. Bei geradlinig bewegten Körpern kann mittels geeigneter Schreibgeräte der zurückgelegte Weg in Abhängigkeit von der Zeit festgehalten werden. Die Funktion s = s(t) ist nicht bekannt. Umständlich und recht ungenau wäre es jetzt, wenn aus dem Bild zunächst einmal die Funktionsgleichung errechnet werden sollte, um sie dann zu differenzieren und die Kurve einzuzeichnen. Die Ableitungsfunktion

v = v(t)

ergibt sich schneller, sicherer und einfacher nach der hier zu beschreibenden Methode der graphischen Differentiation.

Um jedoch die graphische Differentiation etwas genauer zu machen, wurden bereits im vorigen Jahrhundert mechanische und optische Geräte entwickelt, die insbesondere bei der Festlegung der Tangentenrichtung äußerst nützliche Dienste leisten. Zu nennen ist hier ein Spiegellineal, dessen Spiegel senkrecht auf dem Zeichenblatt steht. Nur dann, wenn das Spiegelbild der Kurve und ihr sichtbarer Teil ohne Knick ineinander übergehen, liegt das Spiegellineal im Punkt P senkrecht auf der Kurve.

Das Lot im Punkt P, das senkrecht auf dem Spiegellineal steht, ist die gesuchte Tangente.

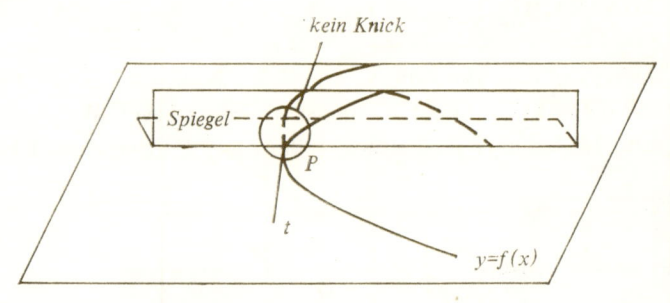

Das Spiegellineal mit einer Winkelskala verbunden erlaubt unmittelbar die Bestimmung des Anstiegswinkels im Anlagepunkt. Dieses Gerät wird als Derivimeter bezeichnet.

Ist am Derivimeter noch die Kopplung mit einem Schreibgerät möglich, so kann die Ableitungsfunktion gezeichnet werden. Dieses Gerät heißt Differentiograph.

Derivimeter und Differentiograph, die wichtigsten Differenziergeräte, haben heute, nachdem moderne elektronische Geräte im Einsatz sind, nur noch historische Bedeutung.

Von einer zu integrierenden Funktion ist oftmals nur die Kurve und nicht ihre Gleichung bekannt. Auch sollten diese Verfahren der graphischen Integration dann angewandt werden, wenn die zu integrierenden Funktionen zwar bekannt, aber sehr schwer oder überhaupt nicht zu integrieren sind, so daß als Ergebnis eine Funktionsgleichung vorliegt. Das Verfahren der graphischen Integration steht in engstem Zusammenhang mit dem gerade beschriebenen der graphischen Differentiation. Das kann auch nicht anders sein, da sich Integration und Differentiation als Umkehroperationen darstellen.

Die einzelnen Schritte bei der graphischen Integration sind die folgenden:

Aufgabenstellung:

$\int_{x_1}^{x_2} f(x)\,dx$ ist zu bestimmen, was als Flächenbestimmung unter der Funktion $y = f(x)$ in den Grenzen $x_1$ und $x_2$ aufgefaßt wird.

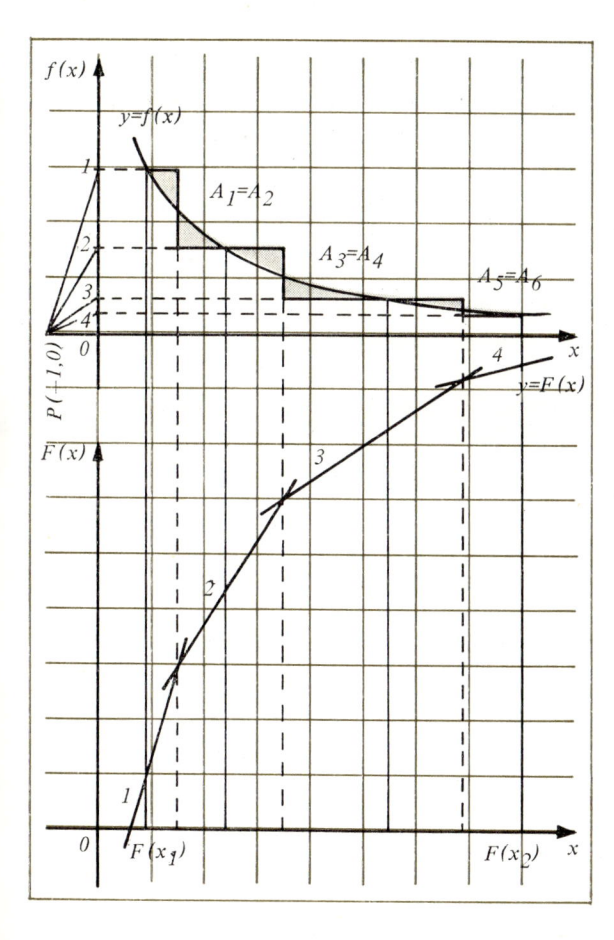

1. Aus der Funktionskurve soll eine »Treppe« derartig konstruiert werden, daß die Flächenstücke oberhalb und unterhalb der Funktion den gleichen Flächenwert haben. Die Parallelen zur y-Achse, die dazu gezogen werden müssen, haben natürlich nicht den gleichen Abstand.

2. Die Treppenfunktion, die im ersten Schritt aus $y = f(x)$ konstruiert wurde, ist nun zu integrieren, so daß das eben beschriebene Verfahren der graphischen Differentiation umgekehrt werden kann. Die waagerechten Teile der Treppenstufen werden so verlängert, daß sie die y-Achse schneiden. Die Schnittpunkte werden mit dem Pol in $(-1; 0)$ verbunden. Damit sind die Tangentenrichtung und der dazugehörige Punkt auf der Stammfunktion festgelegt. Bis auf eine Anfangskoordinate der Stammfunktion liegt nun alles fest.

Da die Stammfunktion noch eine Integrationskonstante enthält, kann die erste Ordinate der Stammfunktion beliebig festgelegt werden.

3. Aus den in das andere Koordinatensystem verschobenen Tangentenstrahlen (zum senkrecht darüberliegenden Punkt) ergibt sich aus vielen Tangenten eine Kurve, die den Verlauf der Stammfunktion festlegt. Wegen der nach dem Hauptsatz der Differential- und Integralrechnung angegebenen Berechnungsvorschrift für das bestimmte Integral

$$\int_{x_1}^{x_2} f(x)\,dx = F(x_2) - F(x_1)$$

ist zum Abschluß der graphischen Integration nur noch die Ordinatendifferenz $F(x_2) - F(x_1)$ zu bestimmen.

Integraphen können die zu einer gegebenen Ableitungsfunktion gehörige Stammfunktion mechanisch aufzeichnen. Es gibt zahlreiche Integriergeräte, die zu verschiedenen Aufgabenstellungen eingesetzt wurden. Heute haben viele dieser Geräte nur noch historische Bedeutung. Planimeter, die in diese Gruppe gehören, stellen den Inhalt einer beliebig begrenzten Fläche fest, wobei der Umfang der vorgegebenen Fläche (etwa auf einer Landkarte) mit einem Rädchen, wie es die Hobbyschneider und -schneiderinnen beim Kopieren eines Schnittmusterbogens benutzen, umfahren wird. Planimeter gibt es in den unterschiedlichsten Ausführungen und für jeden Anspruch. Auch sie arbeiten alle nach dem hier umrissenen Prinzip der graphischen Integration. Ebenso kann die Länge eines Kurvenstückes bestimmt werden. Das ist beispielsweise bei der Bestimmung einer unbekannten Trassenlänge auf einer Landkarte von großer Bedeutung.

Es sei jedoch abschließend darauf hingewiesen, daß der Pol bei der graphischen Integration und Differentiation nicht ausschließlich im Punkt $(-1; 0)$ liegen muß. Durch eine geschickte Polwahl können unterschiedliche Maßstäbe berücksichtigt werden. Das ist auch mit den hier kurz vorgestellten mathematischen Geräten möglich.

Es gibt insgesamt eine Vielzahl von mechanischen, optischen und elektronischen Geräten, mit denen Aufgaben der Infinitesimalrechnung gelöst werden können. Diese Geräte zählen zur Gruppe der Analogrechner. Mathematische Prozesse werden hier mechanisch oder elektronisch dargestellt und die Lösungen abgelesen. Heute jedoch hat auf diesem Gebiet die Mikroelektronik die nach mechanischem Prinzip arbeitenden Geräte in das Museum verdrängt.

# 6. Wer hat die Differentialrechnung erfunden?

Wesentliche Impulse zur Weiterentwicklung der Mathematik fehlten in Europa bis in das 16. Jahrhundert. Auf vielen Gebieten konnte nicht einmal der Stand gehalten werden, den die Mathematik im klassischen Griechenland oder in Alexandria erreicht hatte. Die Rechenmeister des Mittelalters befriedigten lediglich elementarste Bedürfnisse, die aus dem Handel erwuchsen. Weder komplizierte Bewässerungssysteme, wie einst im alten Ägypten, noch astronomische Probleme, wie einst in Griechenland, trieben die Entwicklung der Mathematik voran. Für den praktischen Astronomen gab es eigentlich nur die Forderung der christlichen Kirche, den variablen Termin des Osterfestes jährlich exakt zu berechnen.

Schnell entwickelte sich die Mathematik gegen Ende des 16. Jahrhunderts, die Maschinen kamen auf und wurden zunehmend verbessert. Sie förderten die Ausarbeitung der theoretischen Mechanik, die ohne gute Kenntnisse in der Mathematik nicht befriedigend zu betreiben ist: Noch heute bekannte Mathematiker betraten die Weltbühne – sie alle haben ihren Beitrag zur Entwicklung der Infinitesimalrechnung geleistet:

G. Galilei (1564–1642), E. Torricelli (1608–1647), J. Kepler (1571–1630), de Roberval (1602–1675), P. Guldin (1577–1643), B. Cavalieri (1598–1647), I. Gregory (1638–1675).

Im 17. Jahrhundert gab es große gesellschaftliche Veränderungen. Erinnern wir uns, daß das Geburtsjahr von Leibniz zwei Jahre vor dem Ende des Dreißigjährigen Krieges lag. Die Länder in und um den mitteleuropäischen Raum hatten sich erbarmungslos und bis zur völligen Erschöpfung bekämpft. Unter diesen Bedingungen war ein schneller Neubeginn erforderlich.

Natürlich entstanden die richtungweisenden Entdeckungen von Newton und Leibniz nicht gleichsam aus dem Nichts. Seit dem Altertum bestand das Problem der Einbeziehung des Unendlichen in die Mathematik. Die von Zeno formulierten Paradoxien waren noch nicht einen Schritt der Lösung nähergebracht worden. Ein Zugang zur Infinitesimalrechnung, der geometrische, war durch mancherlei Überlegungen zu Quadraturproblemen der altgriechischen Mathematiker aufgezeigt worden (beispielsweise durch die Frage nach der »Quadratur des Kreises«). Auf diesem Wege fortschreitend, ist es das Verdienst von Bonaventura Cavalieri (1598–1647), eines Professors an der Universität Bologna, in seinem 1635 erschienenen Werk »Geometria indivisibilibus continuorum nova quadam ratione promota« eine einfachste erste Form der Infinitesimalrechnung beschrieben zu haben.

Der andere Zugang gelang durch algebraische Fragestellungen und Methoden. Dieser Weg zur Infinitesimalrechnung ist mit dem Namen des französischen Mathematikers René Descartes (1596–1650) verbunden, der im Jahre 1637 sein Werk »Discours de la Mèthode« mit dem wichtigen 3. Teil »La Géométrie« herausgab; in ihm war die gesamte Geometrie des Altertums enthalten. Diese Geometrie wurde konsequent mit algebraischen Methoden betrieben und beschrieben. Descartes gilt als der Begründer der analytischen Geometrie, die geometrische Problemstellungen durch algebraische Verfahren löst.

Der englische Mathematiker J. Wallis (1616–1703) kam ebenfalls mit algebraischen Methoden dicht an die Infinitesimalrechnung heran. Im Jahre 1655 veröffentlichte er seine »Arithmetica infinitorum«. Die von J. Kepler gefundenen Planetenbewegungsgesetze mußten bewiesen werden. Die stürmische Entwicklung der Maschinen lenkte die Aufmerksamkeit auf die Lösung des Tangentenproblems. Diese Ansatzpunkte für das infinitesimale Denken führten zu einer Wiederbelebung des antiken atomaren Denkens, wie es der griechische materialistische Philosoph Demokritos von Abdera (Demokrit; etwa 460–370 v. u. Z.) begründete.

Wesentliche Beiträge zur Erneuerung leisteten: J. Wallis (1616–1703), B. Pascal (1625–1662), P. Fermat (1601–1665) und I. Barrow (1630–1677), der als erster den Zusammenhang zwischen Differentiation und Integration erkannte.

Ein Gelehrter, der bis zur Infinitesimalrechnung vordringen wollte, mußte den algebraischen und den geometrischen Zugang kennen und mit den jeweiligen Methoden vertraut sein. Das war erst nach 1660 möglich, zu einer Zeit, in der zwei überragende Wissenschaftler auf der Höhe ihrer geistigen Leistungsfähigkeit standen – Leibniz und Newton.

Festzuhalten ist jedoch, daß sich die Art der Darstellung ihrer Ergebnisse von unserer heutigen Darstellungsart wesentlich unterscheidet. Das konnte nicht anders sein, denn beide verfügten über keinen brauchbaren Funktionsbegriff.

Sicher ist heute, daß beide auf ganz unterschiedlichem Wege und unabhängig voneinander zur Infinitesimalrechnung gelangten. Newton besaß vor Leibniz grundlegende Erkenntnisse, die er in seinen sogenannten zwei goldenen Jahren gewonnen hatte – als er sich 1665/66 wegen der Pest aus Cambridge in seinen Geburtsort zurückgezogen hatte. Newton entwickelte die als Fluxionsrechnung bezeichnete neue Rechenmethode bei der Ableitung der Keplerschen Gesetze. Veränderliche, Newton nennt sie Fluenten, werden zu anderen in Bezug gesetzt. Die Fluxionsrechnung beruht auf einem Grenzwert eines Quotienten. Newton vermeidet jedoch den Begriff der Fluxionsrechnung, wenn er die Keplerschen Gesetze aus dem (Newtonschen) Gravitationsgesetz ableitet (Principia, Vorlesungen aus den Jahren 1684–1687, Druck 1687). Leibniz erklomm diese Höhe in den Jahren 1673–1676, die er im Auftrag des Mainzer Kurfürsten in Paris verbrachte. Dabei ist der Einfluß von Christian Huygens (1629 bis 1695) von Leibniz nie bestritten worden.

Doch Leibniz fand eine Darstellung der Infinitesimalrechnung, die wesentlich leichter und eleganter zu handhaben ist als die von Newton. Bereits am 29. 10. 1675 tritt in einem Manuskript von Leibniz das Integralzeichen auf. Ebenfalls verwendet er zum ersten Mal den Begriff des Differentials. Sein Gegenstück findet dieser Begriff bei Newton im »Moment der Fluente«. Allerdings ist das Differential von Leibniz wesentlich leichter zu handhaben.

Auch steht fest, daß Leibniz seine Ergebnisse zuerst, also weit vor Newton, in den Jahren 1684–1686 unter dem Titel »Nova methodus...« (»Neue Methoden der Maxima und Minima sowie der Tangenten, die sich weder an gebrochenen noch an irrationalen Größen stößt, und eine eigentümliche, darauf bezügliche Rechenart«), veröffentlicht hat. In diesem

Werk gibt Leibniz den Begriff Differential, wenngleich mit unklarer Definition, und die Differentiationsregeln für Summe, Produkt, Quotient, Potenz und die Kettenregel an. Die Bedingungen für Extrema sind auch schon enthalten. Er steht also durchaus auf dem heutigen Niveau. Allerdings besteht doch ein wesentlicher Unterschied, denn ein exakter Grenzwertbegriff fehlt. Den konnte Leibniz noch nicht haben.

In der Vorstellung von Leibniz ist das Differential dx eine sehr kleine, aber endliche Größe einer Strecke. Bei Newton hören die Momente auf, Momente zu sein, sobald sie einen endlichen Wert erhalten. Nach seiner Meinung waren es die Anfänge von endlichen Größen.

Newton veröffentlichte einen Teil seiner Erkenntnisse in den Jahren 1704 bis 1734, manch wichtige Arbeit wurde erst nach seinem Tode zugänglich. Ein Werk zur Reihenentwicklung, das grundsätzliche Bedeutung hat, wurde 1669 fertiggestellt und bei der englischen Akademie der Wissenschaften, der Royal Society, registriert und hinterlegt. Es konnte aber erst 1711 gedruckt werden. Das grundsätzliche Werk über die Methode der Fluxionen erschien 1736, als Newton bereits gestorben war. Ein Grund mag wohl auch darin gelegen haben, daß beim großen Brand in London (1669) alle Druckereien zerstört wurden.

Doch 1736 war die Theorie der Fluxionen bereits überholt und nur noch ein Mittel, um den unglücklichen Streit über die Ersterfindung der Infinitesimalrechnung weiter anzuheizen. Das alles sind historisch belegte Zahlen. Leider ist auch der unselige Prioritätenstreit zwischen Newton und Leibniz verbürgt, unter dem die beiden großen Männer sehr gelitten haben.

Bis 1676 war ihr Verhältnis ungetrübt. Der Streit wurde vor allem von den Angehörigen beider Parteien ab 1690 heftig geschürt. Leibnizianer und Newtonianer verschärften die Auseinandersetzungen derartig, daß es heute noch peinlich ist, darüber zu hören. Dabei zeigen sich deutlich die Einflüsse nationalistischer Bewegungen, die sich später in einem spannungsgeladenen Verhältnis zwischen England und dem Kontinent ausdrückten. Die Leibnizianer verwiesen darauf, daß Leibniz bereits 1684 seine Ideen in den Grundzügen veröffentlichte, und behaupteten, daß Newton im Anhang seines grundsätzlichen Werkes »Philosophia naturalis principia mathematica« die Darstellungen von Leibniz nur wiederholt habe. Die Newtonianer halten dem entgegen, daß Leibniz seine Ergebnisse aus dem Briefkontakt mit englischen Mathematikern bezog. Der Höhepunkt wurde erreicht, als die Royal Society im Jahre 1712 Leibniz des geistigen Diebstahls an der Newtonschen Fluxionenrechnung beschuldigte und Newton zum Entdecker der Infinitesimalrechnung erklärte.

Diese ungerechtfertigte Anklage hat Leibniz sehr bedrückt, er litt darunter bis zu seinem Tod.

Leibniz war sich über seine Leistungen durchaus im klaren. Er trat – zumindest nach der Meinung seines Landesherrn, des Kurfürsten Georg Ludwig von Braunschweig – nicht energisch genug gegen diese Beschuldigungen auf. Als der Kurfürst 1714 als Georg I. zum englischen König gekrönt wurde, nahm er Leibniz nicht mit nach London und verweigerte seine Berufung als Hofhistoriker. Statt dessen wurde Leibniz beauftragt, die Geschichte der Welfen in Hannover abzuschließen. Das klingt fast wie eine Strafarbeit für einen ungezogenen Schüler. Frau Johannes schreibt in dem bereits vorn zitierten Buch auf Seite 558:

»Herr Newton ist ein ehrenwerter Mann und groß ist sein Ruhm! Dennoch wird sich schon die direkte Nachwelt für den Calculus des Kombinatorikers Leibniz, der weiß Gott auch ein großer Analytiker war, entscheiden und sich der Infinitesimalrechnung seiner Notation bedienen! ... Newtons Verdienst besteht darin, daß er seine Rechnungsart – die Fluxionen – für die Physik erobert hat. Und wahrhaftig: Newtons Physik wird so lange dominieren, bis man auch hier Leibniz entdeckt. Gewiß – Newton hat die PRINZIPIEN formuliert. Aber wird es sich die Wissenschaft auf die Dauer leisten können, lediglich unpersönliche Ereignisse zu registrieren?«

Frau Johannes ist keine Mathematikerin. Ein Physiker oder Mathematiker wird entdecken, daß die Methoden von Newton mathematisch tiefgehender sind und für die Physik epochale Bedeutung hatten. Durchgesetzt haben sie sich weder damals noch heute. Zu vergleichen ist das mit einem ausgezeichneten Produkt, dessen Verpackung wenig dazu beiträgt, daß es die Kunden kaufen. Die Ergebnisse von Newton haben sich durch ihre unhandlichen Bezeichnungen nicht durchgesetzt und unterlagen deswegen denen von Leibniz.

Die rein geometrischen Beweise in der Theorie der Fluxionen lassen vermuten, daß Newton kaum über eine in sich abgeschlossene Infinitesimalrechnung verfügt hat. Der in den PRINZIPIEN gefaßte Grenzwertbegriff ist für praktische Anwendungen kaum geeignet und auch recht schwer verständlich. Mißverständnisse, durch diese unexakten Begriffe hervorgerufen, konnten erst mit Einführung des modernen Grenzwertbegriffs beseitigt werden. Es bleibt der Erfolg ungeschmälert, den Newton durch die Anwendung seiner Methode auf Probleme in der Physik erzielte.

Leibniz wurde zu seiner Arbeit an der Infinitesimalrechnung nachdrücklich durch die Fehlinformation angeregt, daß Newton die Methoden der Infinitesimalrechnung bereits nutzte. Er dachte jedoch nicht mit der

Denkweise der Physik, sondern in der Sprache der heutigen Mathematik und der ihr eigenen differentiellen Größen (dy, dx). Alles drehte sich bei Leibniz um das charakteristische Dreieck (triangulum characteristicum). Nicht nur das Integralzeichen $\int$ gebrauchte Leibniz 1686 zum erstenmal; wichtige Begriffe, wie es Koordinaten oder erste Vorstellungen von Funktionen sind, gehen auf ihn zurück.

Auf eine negative Gemeinsamkeit von Newton und Leibniz ist abschließend hinzuweisen. Alle ihre grundsätzlichen Werke sind durch unexakt bestimmte Grundbegriffe gekennzeichnet. Die Größen dx, dy sind einmal endliche Größen, dann sehr kleine und manchmal beliebige Größen, die nur nicht gleich Null sind.

Der unselige Prioritätenstreit zwischen Anhängern der beiden Lager, der Newtonianer und der Leibnizianer, verhinderte die Weiterentwicklung der Theorie. Vor allem in England, wo man aus Prestigegründen an der zum Zeitpunkt ihres Erscheinens überholten Theorie der Fluxionen festhielt, wurden die notwendige Weiterentwicklung und vor allem die Arbeit an der Präzisierung der Grundbegriffe verhindert.

Wichtige Verdienste bei der Durchsetzung der neuen Methode erwarben sich die Schweizer Brüder Jakob Bernoulli (1654–1705) und Johann Bernoulli (1667–1748). So war bis zum Beginn des 18. Jahrhunderts alles entdeckt, was Schüler und Studenten über Differential- und Integralrechnung heute gelehrt bekommen. Im Jahre 1696 erschien das erste von Marquis de l'Hospital (1661–1704) verfaßte Lehrbuch über Differentialrechnung »Analyse des infiniment petits«, das Lehrbüchern noch viele Jahre später als Grundlage diente. Kommenden Mathematikergenerationen blieb die Aufgabe, die Grundbegriffe exakt festzulegen und sich von Leibnizens Analogiebeweisen zu trennen, der die unendlichen Größen als Verhältnis des Erdradius zum Abstand der Fixsterne beschrieb.

Selbst die großen Werke L. Eulers[30] (1707–1783), deren Studium für einen Mathematiker auch heute noch eine unersetzliche Fundgrube darstellt (Äußerung von C. F. Gauß), fassen unendliche Prozesse unkorrekt. Das von Zeno aufgeworfene Problem war im Prinzip noch ungelöst und führte zur sogenannten mystischen Periode in der Begründung der Differentialrechnung. Es gelang erst im 19. Jahrhundert, den »infinitesimalen Methoden den mystischen Schleier« (Marx) herunterzureißen. Auch hier wurden der Grenzwertbegriff und seine exakte Definition der Differential- und Integralrechnung vorangestellt. Dabei zeichnete sich vor allem A. C. Cauchy (1789–1857) aus.

---

[30] Introductio in analysin infinitorum

# Literatur zum genaueren und weiterführenden Studium

1. **Lehrbücher der allgemeinbildenden Schule**

1.1. Mathematik-Lehrbuch für die 11. Klasse der erweiterten Oberschule, Berlin 1974
1.2. Mathematik-Lehrbuch für die 12. Klasse der erweiterten Oberschule, Berlin 1974
1.3. Mader/Richter – Wissensspeicher Mathematik, Berlin 1980

2. **Lehrbücher für Fachschulen**

2.1. Mathematik für Wirtschaftswissenschaften, Bd. II, Berlin 1978
2.2. Analysis für Ingenieure, Leipzig 1972
2.3. Simon/Stahl – Mathematik – Nachschlagebücher für Grundlagenfächer, Leipzig 1973
2.4. Koch – Anleitung zum Lösen mathematischer Aufgaben, Leipzig 1974

## 3. Lehrbücher für Hochschulen

3.1. Baule – Differential- und Integralrechnung, Leipzig 1966
3.2. Bronstein/Semendjajew – Taschenbuch der Mathematik, Leipzig 1979
3.3. Fichtenholz – Differential- und Integralrechnung, Berlin 1966
3.4. Göhler – Höhere Mathematik – Formeln und Hinweise, Leipzig 1979
3.5. Heinrich – Einführung in die praktische Analysis, Leipzig 1963
3.6. Kaiser – Numerische Mathematik und Rechentechnik, Berlin 1977
3.7. Kowalewski – Die klassischen Probleme der Analysis des Unendlichen, Leipzig 1910
3.8. Pforr, Schirotzek – Differential- und Integralrechner, Leipzig 1984
3.9. Schröter – Mathematik für die Praxis, Berlin 1964

## 4. Zusatzliteratur

4.1. Gerhardt – Leibnizens mathematisches Schaffen, Halle 1858
4.2. Johannes – Leibniz (Roman seines Lebens), Berlin 1966
4.3. Mitra – Die Sagen des Olymp, Bukarest 1962
4.4. Müller – Leben und Werk von G. W. Leibniz, Frankfurt 1965
4.5. Seidel – Gottfried Wilhelm Leibniz, Leipzig 1975
4.6. Struik – Abriß der Geschichte der Mathematik, Berlin 1980
4.7. Schwab – Die schönsten Sagen des klassischen Altertums, Leipzig 1977
4.8. Wawilow – Isaac Newton, Berlin 1951
4.9. Wusing – Isaac Newton, Leipzig 1977
4.10. Zedler – Großes Universallexikon aller Wissenschaften und Künste..., 61. Band, Leipzig und Halle 1749